中原工学院学术专著出版基金资助

NAO机器人控制及轨迹规划理论与实践

靳莹瑞　著

中国纺织出版社有限公司

内 容 提 要

本书以仿人智能机器人"NAO"作为研究对象，对其目标识别、手臂控制、行走控制、地图创建以及路径规划五个方面展开研究，搭建了基于NAO机器人的目标识别及手臂抓取系统，实现对目标物体的识别以及抓取，基于任务创建地图，并通过优化算法实现避障和导航。

本书可为读者在机器人手臂建模与控制、拟人步态行走控制和避障与导航等领域解决实际工程问题提供参考和借鉴。

图书在版编目（CIP）数据

NAO机器人控制及轨迹规划理论与实践 / 靳莹瑞著
. -- 北京：中国纺织出版社有限公司，2022.9
ISBN 978-7-5180-9839-2

Ⅰ.①N… Ⅱ.①靳… Ⅲ.①机器人控制－研究
Ⅳ.①TP24

中国版本图书馆CIP数据核字（2022）第165665号

责任编辑：亢莹莹　　特约编辑：张明轩
责任校对：楼旭红　　责任印制：王艳丽

中国纺织出版社有限公司出版发行
地址：北京市朝阳区百子湾东里A407号楼　邮政编码：100124
销售电话：010—67004422　传真：010—87155801
http://www.c-textilep.com
中国纺织出版社天猫旗舰店
官方微博 http://weibo.com/2119887771
三河市宏盛印务有限公司印刷　各地新华书店经销
2022年9月第1版第1次印刷
开本：787×1092　1/16　印张：7
字数：165千字　定价：68.00元

前　言

本书针对NAO机器人（仿人机器人）手臂抓取物体的控制问题，以NAO机器人为操作对象，开展机器人手臂的运动建模与控制研究。在分析NAO机器人左臂的结构后，采用Denavit–Hartenberg（D–H）方法，对机器人手臂进行参数标定，得到D–H运动学参数，解出手臂运动学方程，进而用几何法计算出手臂逆运动学公式。为了能够更高效率控制机器人手臂，在此基础上建立了手臂的动力学模型，并依据该模型设计了PD控制器和自适应PD控制器。实验结果表明，自适应PD控制器对机器人手臂运动具有更好的跟踪性和鲁棒性。

为了使NAO能灵活运用手臂，并到达目标位置，本书利用Naomarks对目标物体进行识别，可快速准确获得目标物的方位信息。根据逆运动学解出机器人手臂的工作空间，并对机器人手臂进行轨迹规划。由于目标物位置从始至终为固定的，整个环境为静态路网，采取快速直接的启发式函数对工作空间进行搜索，根据其给出的搜索信息选择最优节点，然后从笛卡尔空间转换为关节空间，得到关节变量，随后获得最优轨迹。

对于构建导航地图，本书采用声呐传感器探测机器人与周边障碍物以及终点路标的距离；为了计算检测障碍物的个数，引入K-means聚类方法，将检测到的数据进行分类处理；机器人使用自带摄像头辨别障碍物或终点路标；通过Q-learning方法进行避障，从而构建导航地图。对于寻找最优路径，根据模拟退火（Simulated Annealing，SA）和双向并行搜索策略，对传统的人工蜂群（Artificial Bee Colony，ABC）算法进行改进，并将其运用到NAO机器人离线路径寻优中，最终在构建的离线导航地图中找到最佳路径。实验结果表明，机器人可以完成避障前提下从初始点到终点路标导航地图的构建；经过改进的ABC可以寻到最佳路径，优点是收敛速率较一般的方法快，且不易陷于局部最优。

最后，本书采用Matlab软件和Python软件联合编程的方式对NAO机器人进行目标识别和右臂轨迹规划运动的实验，实验结果表明本书所提方案能够将位置坐标误差缩小至 1~2cm，并且机器人能够平稳地行走至目标小球附近，并对其进行成功抓取。

全书共分 6 章。第 1 章为智能仿人机器人概述，介绍常见的仿人机器人的研究意义、发展历史、分类及研究现状。第 2 章为 NAO 机器人的软硬件基础，主要介绍 NAO 机器人的硬件设备以及参数、NAO 机器人的操作系统以及视觉系统。第 3 章为机器人控制理论基础，介绍了通用的机器人运动学、动力学和轨迹规划相关概念、理论基础和研究现状。第 4 章为 NAO 机器人手臂建模与控制器设计，介绍 NAO 机器人手臂运动学建模、动力学建模方法，进而介绍了 NAO 机器人手臂基于 PD 控制、自适应 PD 控制和重力补偿的 PD 控制器设计。第 5 章为基于目标识别的机器人手臂轨迹规划，介绍了目标识别理论、目标识别与定位和基于目标识别的机器人手臂轨迹规划方法。第 6 章为避障建图和路径规划，介绍避障建图方法和基于 IABC 优化算法的路径规划方法。第 7 章展示了手臂抓取控制仿真和实验。

本书由靳莹瑞担任主编，负责大纲制订、书稿修改及统稿、定稿工作。喻俊担任校稿任务。本书在编写过程中得到了参与项目的许多合作者的大力支持。本书编写还引用了许多公开发表的论文，其作者包括温盛军、王海泉、王燕、王瑷珲、刘萍、李红军等，在此表示感谢！同时，本书还是翟睿、夏娟、孙宇昂、张世欣、史照远、李大明、马晨光、徐新龙、高圣达等多位研究生辛勤劳动的成果，在此深表感谢！由于编写者水平有限，书中难免出现疏漏和不妥之处，敬请广大读者不吝指正。

本书的绝大部分内容都是作者和合作者最新的研究成果。本书的研究成果受到中原工学院专著研究基金、国家重点研发计划（2020YFB1712403）、国家自然科学基金重点项目（U1813201）、国家自然科学基金面上项目（62073297）、河南省自然科学基金项目（222300420595）、河南省科技攻关项目（212102210080、222102210019、222102210016、222102520024）、科技部高端外国专家引进计划（G2021026006L）、河南省高等学校重点科研项目（22A413011）和中原工学院基本科研业务费专项资金项目（K2020TD005）等的资助，在此表示感谢！

靳莹瑞

2022 年 7 月

目　　录

第 1 章　智能仿人机器人概述

1.1　仿人机器人研究意义

随着社会的进步和科技的发展，以及 5G 技术的大范围推进，再次促进了一批新型行业的崛起与发展，如智能机器人、区块链、VR 技术、3D 打印技术等。长期以来一直作为热门话题的智能机器人产业，也迎来了新一轮的研究热潮。机器人作为高科技智能产品，可以独立完成分配的任务，同时也可以帮助人们完成许多繁杂的工作。在农业、服务业、制造业、军事等众多行业中都会出现机器人的身影，机器人有着举足轻重的地位，在不久的未来，机器人技术仍然会以飞速地增长姿态不断发展。

智能机器人能够代替人类完成一些复杂、危险、重复、繁重以及精确度非常高的工作，机器人技术也在创新中不断地成熟、升级，并在各个领域中发挥重要的作用[1]，如医疗机器人、农产品采摘机器人、特殊工种机器人、消防灭火机器人、快递机器人等。机器人逐渐在人类生活中充当重要的一员，服务着人类的衣食住行各个方面。机器人也影响着新时代的每一个人，随着高新技术产业的高速发展，如 5G 技术、新能源技术等，在各行各业中将会出现越来越多的机器人来帮助人们完成工作，甚至会代替人工来完成各种各样繁杂精密的工作。在未来的发展中，机器人可能会作为劳动生产力的主力军，我们也将会体验到机器人带给人类的便捷。国际机器人联合会（IFR）对当前机器人市场进行了市场调研，大量数据表明，机器人正在大量涌入人类的生产生活中，并不断改善人类的精神生活和物质生活。对于国家来说，先进的机器人技术水平在改善人民的生活品质和增加国家军事力量等各个方面都有着非常重要的作用，因此，大力发展机器人技术被许多国家作为战略计划[2]。中国也提出了在未来的发展规划中，将服务型机器人作为重点发展的高新技术对象[3]。

在全球许多国家人口老龄化问题已经到来或即将到来，因此国家将面临许多问题，如劳动力短缺和许多家庭的养老问题等[4]。中国作为一个人口大国，也不例外，从长远来看，这些问题将会在未来许多年后越来越严重。2020 年的人口普查报告指出，国家目前六十岁以上的人数高达总人口的 20%。该报告显示出中国现在老龄化程度已经达到十分严重的地步，并且在世界范围内，老年人口总人数远超其他国家[5]。在过去几十年的国家政策下，我国在控制人口增长上也取得了很大的成果，但也必然会面临人口缓增长带来的社会老龄化问题，研究人员预计我国老年人的总人数会在 28 年后达到 5 亿。随着老龄人口数量的逐年增长，老龄化问题带来的社会影响将会逐渐扩大，原本多人口带来的社会劳动力将会逐渐减少，各种社会养老问题也会随之到来，例如，老人腿脚不方便无法自己取放东西、生病的时候无人照看等问题[6]。显而易见，在未来服务型机器人的相关产品种类必将扩增，因此加快推进对服务型机器人的研究是大势所趋。

仿人机器人作为服务型机器人的一种，拥有可爱的类人外观，也是在众多机器人中最与人类相像的一种机器人，并且也能够跟人一样完成许多繁杂的任务[7]，如与孤独老人交流、手舞足蹈等。相较其他机器人，仿人机器人具备的优点与优势如下：

（1）机动性强。仿人机器人不仅能够像人一样进行前进、后退等基本的行走动作，也能通过人为编程等干预，仿人机器人做出一些高难度的动作，如跳舞、后翻、进行足球比赛等。

（2）环境适应能力强。由于仿人机器人双足的设计外形，使得仿人机器人能够像人类一样在各种条件的路况下平稳前进，甚至在楼梯、斜坡等恶劣的地面环境下也能安全通过。这样的设计使得仿人机器人能够完全适应于现实的生活环境中。

（3）能耗低。仿人机器人与其他工业机器人相比，拥有更轻的重量，更加智能的操作系统，从而降低了机器人的行走功耗，使仿人机器人具有更低的能耗。

随着机器人技术的飞速发展，制造机器人的成本也会逐步下降，未来服务型仿人机器人将出现在生活的各个领域，最重要的一点是可以为老年人和残疾人服务。因此对于仿人机器人的研究至关重要，并且该研究具有很高的实际应用价值。

1.2 NAO 机器人研究现状

NAO 机器人由软银机器人（SoftBank Robotics）开发，于 2006 年研制成功，目前最新版本为第六代，以独特可爱的外表广受人们的喜爱，也在全世界范围内被广泛应用于许多领域，特别在教育领域内，NAO 机器人已经被全球许多高校实验室购买作为研究对象，并且也取到了许多成绩。因此 NAO 机器人已经成为世界学术界中应用最广泛的仿人机器人。作为一款人工智能机器人，在治疗自闭症儿童方面，NAO 机器人也充当着重要的一员，它能够代替医护人员陪伴在患者身边，大大减轻了医生的工作负担，并且可以通过独特的语音系统、视觉系统与患者进行互动交流[8]。

NAO 机器人身高约 58cm，体重 5.4kg，小小的身体跟刚出生的婴儿一样，还拥有一个人人都喜欢的可爱外形，同时四肢也十分的灵活，在人为操作下，能够做出非常多复杂的行为动作，也拥有强大的硬件系统，听说读写等功能都可以实现。

仿人机器人研究开始于 20 世纪 60 年代，在当时由于计算机技术的落后以及技术的限制，作为发达国家的日本最先着手研究[9]。仿人机器人的研究从简单模拟人类走路，再到拐弯、上楼梯、慢跑等低智能化行为，逐渐发展到现在与人对话、模拟人表情以及写字等高智能化行为。仿人机器人的能力正在逐渐发展，其功能也将越来越完善。

1968 年，美国通用电气公司通过对人类的髋关节和踝关节结构研究，开发出一款双足步行机构，命名为“Rig”，该步行机构需要通过人为手动辅助操控才能维持行走时的稳定平衡，但是这也成为世界上第一款双足仿人步行机构，这意味着，从此揭开了仿人机器人的序幕。

紧接着在同一年，加藤一郎教授（日本仿人机器人之父）在实验室开展了双足机器人的研究工作。在 1969 年，“以 WAP-1” 命名的机器人的面世意味着仿人机器人时代的真正到来，但是它的行走机制是依靠压缩气体来进行的，所以机器人的行走过程中存在较大的抖动。1973 年，加藤实验室将“WL-5”升级为“WAROT-1”，加装了机械手和视觉听觉装置，机器人可以实现与人交流、行走、接受命令并抓取等行为功能。1980 年，加藤实验室通过更进一步的研究又研制出“WL-9DR”机器人，该机器人能够实现以每 9 秒 45cm 的步伐跨度的准动态步行。1984 年，加藤实验室又对机器人进行了进一步改进，推出采用了踝关节力矩反馈控制的“WL-10DR”机器人，实现每步 1.5 秒的步行速度。1986 年，该机器人升级为“WL-12 型”，可以通过躯体运动补偿腿足运动，将步行时间缩短至 1.3 秒，并实现动态步行。最终，1996 年，该实验室发布“MeltranII 型”仿人机器人，装配有超声波视觉传感器检测地面信息，并采用倒立摆控制模式实现在未知路面动态步行。

图 1-1　NAO 机器人

2005 年，知名机器人公司 Aldebaran Robotics 成立，并于 2006 年，研制出了一款体型小巧，外表可爱的智能机器人“NAO”，如图 1-1 所示。在 2007 年之前，机器人世界杯（RoboCup）一直使用索尼公司的机械狗 Aibo[10]，但在“NAO”诞生的下一年，由于该机器人的出色表现，NAO 机器人也成功被机器人世界杯组委会选用，作为机器人世界杯专用的机器人。

国外对机器人技术的研究不仅开始早，而且发展快，一直领先于国内水平。但是，近些年我国在机器人研究和产品研发方面也取得了一定成果。随着人工智能、机器学习、自然交互等技术的发展，令现在的机器人功能更加贴合实际应用，更能满足人类需求。而且，机器人和人类之间的关系正在变得更加微妙，机器人常常被设计成在社会中扮演照顾者的角色，如关注孤立的老人，或者鼓励生病的孩子按时吃药。这些机器人与通常的工业生产线上的机器人相去甚远，它们逐渐被设计成为能与人类互动并在其过程中安全运行的模式。人类与周围环境相互作用，对机器人也希望能如此，可以令其与周围更自然地互动。由于手是最有用的人类特征之一，像人类一样可以举起杯子来喝水，这样平常简单的动作，机器人似乎也能从中受益。

国内外许多学者对 NAO 机器人的视觉系统、步态规划以及手臂控制等方面都做了许多研究。在 2010 年之前我国少有对 NAO 机器人的研究，不过近年来，国内的科技公司及众多院校加大了对于 NAO 机器人的研究力度，也举办了各种 NAO 机器人的比赛来激发国内学者的研究热情，因此关于 NAO 机器人的研究也越来越多。

文献［11］针对 NAO 机器人在室内环境下实时数字识别问题，通过搭建 BP 神经网络与 CNN 两种数字识别系统，确保在真实环境下 CNN 在有限次数内能够取得更好的实验效果。文献［12］采用了基于颜色和轮廓融合的目标识别方法，此方法可以忽略环境因素的影响，实验过程中都可以识别出目标物体。文献［13］设计了基于 NAO 机器人的水位检测程序，通过颜色分割和梯度特征提取算法可以检测到饮水机水桶中水位。文献［14］根据机器人自身单目摄像头从机器人数据库中获取的已识别对象，实现对物体的识别，并可以采取措施进行避障，在真实世界实验中，NAO 机器人可以在杂乱、多层次的环境中有效地执行运动。文献［15］根据小孔透视模型，实现基于 NAO 机器人单目视觉空间目标定位，但是目标识别后的位置误差达到了 5cm，不能作为机器人行走位置坐标参考。

国外学者对于 NAO 机器人步态规划的研究相比于国内更加成熟，主要使用两种模型进行行走步态研究，ZMP 零点矩阵模型和倒立摆模型。文献［16］提出了基于 NAO 机器人的全向 ZMP 行走步态，使得 NAO 机器人能够在动态变化的环境中提高机器人的响应速度和实现机器人的动态行走。文献［17］针对较为复杂严峻的工作状态下的步态规划，以节省计算资源和提高对硬件系统的利用为目的，提出了允许鲁棒步行和干扰抑制控制系统。文献［18］使用半椭圆方程用于 NAO 机器人的运动轨迹规划，在 3 种不同斜率的条件下，使用三维倒立摆模型和 ZMP 准则实现了行走步态的稳定控制。

1.3 仿人机器人关键技术研究现状

1.3.1 机器人手臂控制研究现状

机器人手臂控制是机器人控制的一个重要研究方向，也是机械臂研究的关键，国内外许多学者对 NAO 机器人手臂控制也做了许多研究，如物体抓取、机器人写字、模仿人的手臂动作、躲避障碍物等。手臂控制的研究也从最开始有学者借助外部辅助工具实现了 NAO 机器人的抓取操作，再后来使用传统 PID 控制、模糊控制、神经网络控制等技术。文献［19］在智能家居环境中利用 Naomark 标签作为标识定位，让 NAO 机器人在室内按照目标路径行走，最终对目标物体完成定位和抓取操作。文献［20］用 NAO 机器人和物体检测器结合的方式搭建了在线抓取系统，通过基于 A* 算法规划手臂运动路径进行在线抓取操作。文献［21］提出了 CACLA 算法，手臂能够在复杂的轨迹规划下有条不紊地进行抓取，该算法不足之处需要采集大量的训练数据。文献［22］使用人体运动捕获设备实现了 NAO 机器人对人类手臂动作的模仿。

国内学者对 NAO 机器人手臂的研究在 2010 ~ 2019 年达到高峰：文献［23］对 NAO 机器人手臂进行建模，但只对手臂的前三个关节进行了运动学分析，并没有对 NAO 机器人手臂全部关节自由度做出完整的运动学分析。文献［24］中通过识别带 Naomark 标签的目标物体，实现了视觉伺服物品的抓取设计，但是受限于标签位置和物体摆放位置的要求，因此导致抓取的成功率下降。文献［25］对于不同严苛环境下机器人无法精准抓取目标的问题展开了研究，并在深度学习算法的基础上进行了强化、改进，在预设场景下使用该算法抓取处在复杂环境中的目标，其精确度可以提高到 0.96，充分证明了其鲁棒性得到了较大提升。文献［26］对 NAO 机器人手臂空间控制方面的问题，提出在动力学模型的基础上采用 PD 模糊控制，其仿真验证证明了该方案的可行性。

随着关于机器人研究蒸蒸日上的发展，机械臂控制的探究也随之进步。它是在最早期的古代机器人基础上，慢慢演变而来。机械手臂的研究在 20 世纪 50 年代才逐渐开始，由于计算机及自动化的科技进步，尤其是第一台数字电子型计算机 ENIAC 产生后，数字计算机方向取得了快速的进步，速度高，容量大，价格逐步降低。与此同时，流水线的生产方式带动了人工化到自动化的大步改变，为机械臂控制的研究开发打下坚实的基础。从另一个角度看，随着核能技术的进步，大量的核能相关工作需要机械臂或机器人代替人类完成。在这个背景下，1947 年美国研发了遥控臂控制设计，并于 1948 年研发了基于机械式的主从臂控制设计，由此开启了机械臂控制系统的大门。

然而，20 世纪 70 年代，对柔性机械臂的研究与探索才真正开始发展，随着机器人和空间学等相关技术的发展而受到研究者们的关注。机械臂控制的研究对诸多工程方面有很大的实用性，而且在理论方面将多学科相互融合，从而使多类学科有了新发展。为了实现机械臂快速地移动到目标位置并处于稳定状态，对于机械臂控制方法的研究有许多种，常见的有以下几种方法：

（1）前馈补偿法。是把机械振动（由柔性形变引起）作为刚性运行的确切干扰，用前馈补偿的方式抵除扰动。文献［27］针对弹性机械关节的前馈控制进行探究；文献［28］对简化的 2-DOF 机械臂，进行前馈延时的控制，即为了抵消系统主导极点和不稳定性，时间延时的同时增加零点，与 PID 相较，更易保持系统稳定性。

（2）反馈控制法。即利用控制对象输出信息反馈到系统输入，与期望输入组成控制律来控制对象的输出响应，从而抑制振动。文献［29］提出了机械臂加速度控制的混合学习控制策略，并使用遗传算法来寻找最佳学习控制参数，分别在时域和频域中呈现及剖析了控制器的整体性能。文献［30］提出了力（矩）反馈控制来抑制振动，同时为了提高反应速度而采用由弹性变形产生的位移控制。

（3）被动阻尼控制。是为了减少弹性变形而采用各类耗能及储能原料来对机械臂进行构造。文献［31］中 M. Rossi 等人对机器人被动控制问题做出了相关研究。

（4）自适应控制。文献［32］根据稳态 LQR 技术，提出了自适应地增加状态反馈控制的方法来设计控制器；文献［33］依据神经网络的优点是学习迅速和非线性映射，提出此类基于神经网络的自适应控制，该算法的轨迹跟踪控制的精度较高，控制效果很好。

（5）PID 控制。是最简单有效运用最为普及的控制器，普遍运用于机械臂控制。文献［34］在动力学状态模型之上，设计 PD 控制律，进行单杆机械臂的 PD 控制器设计与仿真；文献［35］中基于重力补偿情况下，针对喷涂类机械臂控制的精准度方面，进行了轨迹跟踪的 PID 和 PD 控制器设计，这两种都可完成机械臂实时确切的轨迹跟踪，满足固定点控制的需求。

（6）滑模控制。是一类被 Utkin 和 Emeleyanov 等学者在 20 世纪中期得出的非线性控制方法，系统“结构”未固定，按照系统目前状况持续改变，使其依预设滑动模态轨迹运行。文献［36］针对 2-DOF 机械手的轨迹跟踪问题，初次进行了时变轨迹滑膜跟踪控制。文献［37］对复杂机械臂的高非线性，强耦合性，干扰信号不确定和参数不确定等问题，基于干扰观测器原理进行了具有鲁棒性的滑模控制器设计，设计其对应的控制律并进行李雅普诺夫稳定性的分析，证明得到本闭环控制器能够抑制干扰且能够进行有效的轨迹位置跟踪。

机器人手臂的控制根据被控对象不同可分为位置控制、力矩控制等。除此之外，还有传统的 PID 控制、变结构控制、自适应控制、模糊控制、神经网络控制等。具有多个自由度的关节式机器人，已成为机器人技术和人工智能研究的热门平台。目前，已经有许多研究人员对机器人运动学、动力学建模及智能控制进行了深入的研究。Kofinas 等将 NAO 机器人分解成五个独立的部分（头、左右手臂和左右腿），利用 D-H 法和非线性方程，给出了 NAO 机器人完整的正逆运动学的解析解。姜静等基于假设模态法结合 Lagrange 方程建立了刚—柔性耦合机械臂的动力学方程。PID 控制器因简单、有效、实用而被普遍地用于机器人手臂控制，金国光等人用 PID 和 PD 两种控制方法对机械臂轨迹进行跟踪对比，在重力补偿的情况下，PD 控制算法是全局渐进稳定的。Kelly R 提出了带有非线性位置误差函数积分的线性 PD 反馈方法，得到了确保全局渐进稳定性调节的明确条件。然而，重力补偿下的 PD 控制策略的一个缺点是，机器人动力学的重力转矩矢量依赖于某些参数作为有效载荷的质量，通常是不确定的，Tomei 等人引入了自适应 PD 控制，克服重力转矩矢量的参数不确定性。

1.3.2 手臂轨迹规划研究现状

在机器人手臂运动的研究中，手臂的轨迹规划也是一个重要的研究方向。最优的轨迹规划为机械臂位移、速度以及加速度函数下得到的曲线都能表现出光滑平稳，这样才能使机器人手臂关节在轨迹规划中运行平稳，这样也保证了机械臂在使用过程中的稳定性、效率、使用寿命以及车间作业操作的精度。

国内外学者对手臂轨迹规划的研究有：文献［38］对 4 个自由度的机械臂，在起止的中间阶段使用 Newton 插值法，在其两端处采用五次多项式插值法，从而实现完成多工位操作的任务。文献［39］提出了基于 jerk 值限制的分段四次多项式的关节空间轨迹规划方法改进轨迹规划曲线并使其平滑，但延长了计算时间。文献［40］对三自由度苹果采摘机械臂的轨迹规划分别采用三次多项式插值法和抛物线过渡法，将得到的结果对比分析得出使用抛物线过渡的三次多项式插值法时机械手臂能够实现平滑的运动路径，并且振动较小。文献［41］针对手臂康复训练问题，为了实现患者能够拿取物品，对上肢康复机器人采用三次多项式规划法对手臂关节空间进行了轨迹规划，设计了取物动作和画四边形动作的轨迹规划。文献［42］将关节空间运动轨迹划分为多段，并对轨迹规划采用 4-4-7-4 次多项式插值法，最终实现机械臂加速度连续的平稳运动。

笛卡尔坐标空间的轨迹规划主要应用于避障或者需要沿着特定的路径运动的情况，优点是可以直接看到其轨迹曲线。笛卡尔坐标空间的轨迹规划国内外研究有，文献［43］将整个运动过程分为了 7 个阶段，采用 S 形加减速曲线进行插补，得到一条光滑的运动曲线，但是整个过程只考虑了起止点的姿态未考虑中间点的姿态。文献

[44]为了让机械臂切割猪肚的任务自动化，采用五次样条曲线拟合出猪腹部轮廓，再利用遗传算法进行路径的分段规划，在切割的效率上和质量上都超过了人工操作。文献[45]对7个自由度机械手臂圆弧作业进行规划，使用三次B样条曲线进行关节空间轨迹插补，采用四元数法进行姿态插补。

1.3.3 路径规划研究现状

在智能机器人避障建图导航的研讨中，路径规划与寻优问题是其中的热门研究[46]；即有障碍的未知境况中，依相关准则的前提下从开始点出发到终止点结束，为机器人找寻到一条没有碰撞的最佳路线[47]。20世纪70年代开始，机器人导航与路径规划的研究才逐渐开始兴起，之后分化为两种规划方式，即经典法和启发式法[48]。

对于经典的路径规划和寻优方法包括3种，即网格的方法、势场的方法及可视化图的方法。文献[49]是在把环境模型运用栅格法来表示，进行路径搜索与寻优，这种方法简便易于实现，但是工作区域不可太大，否则会在路径搜索时出现组合爆炸。文献[50]提出了人工势场法的机器人局部路径寻优，这种寻优方式的结构相当简单且计算量小，但易出现局部最值点，因此在相邻障碍间隙极可能找不到可通路径。文献[51]中通过把轮廓较错杂的障碍类似作为方形或者是多个方形的相互组合，由此来构建地图中的障碍界限，且据此地图执行路径寻优，由此方法寻得的路径较优，缺点是搜索效率低。

由此可知，经典方法存在许多的不足，不足以满足科技需求，研究者纷纷转变方向，开启了启发式规划方法的大门。文献[52]为了得到障碍物与目标点信息，利用超声波对环境进行实时检测，并且依据模糊推理策略把障碍坐标信息和终点坐标信息模糊化，设置路径规划模糊规则，之后解模糊使得机器人避障，相较于势场法有较高的效率性和可行性。文献[53]提出了解决避障和路径规划问题的具有非线性模拟神经元和递归（Hopfiled）型的拓扑神经网络。文献[54]采用栅格化地图的同时，将机器人看作一个点对象，提出了改进型遗传算法，以适用于解决静态或动态未知环境的路径寻优问题，并且它提高了生成解的效率。文献[55]提出了基于蚁群算法的路径寻优方法，以蚁穴点为初始点坐标，蚁群食物源为终点坐标，通过昆蜉之间的协同能力来探求一条能躲开障碍的最优路线，处理了传统路径寻优方式复杂和效率低下的问题。文献[56]给出了在栅格划分基础上的遗传和蚁群相结合的复合路径规划方法，将这两种方法的优势相结合，来解决遗传算法路径寻优时的缺陷，即运行速度慢，易早熟且占用空间大。文献［57］提出了针对粒子群早熟的问题而出现的改进粒子群与 Bezier 曲线相融合的路径规划与寻优方式，可把路径寻优的问题化为 Bezier 曲线上的有限点位置优化，在简化问题的同时缩短了寻优的时间。文献［58］中运用费格森样条函数与粒子群方法实现类人型机器人的路径寻优。文献［59］在相对振动的可通过度表述上，提出来基于可过度预测值带有距离因子的路径规划寻优方法。文献［60］以智能机器人的路径寻优的路径目标作为蜜蜂寻找蜜源的目标函数，将路径规划寻优问题转变为蜜蜂寻找优质蜜源问题（即约束最优化问题），蜜源位置即为机器人的可行路径，其适应度函数值最小作为路径最优的评判函数，解决了经典路径规划求解速度慢的问题。文献［61］利用栅格法进行环境模型的建立，用自适应搜索方法来提高传统蜂群的收敛速率，并且为防止局部最优而采取精英保留的策略。

1.4 本章小结

本章主要介绍了智能材料驱动器发展历史、智能材料驱动器分类和智能材料驱动器应用及研究现状进行了阐述。重点介绍了形状记忆合金、压电陶瓷、电活性聚合体、超磁致伸缩材料、电致伸缩材料等智能材料驱动器的一些基本相关概念，并介绍了智能材料驱动的研究热点，即建模与控制发展现状。

本章首先对仿人机器人的研究背景及意义进行了概述，然后重点对 NAO 机器人发展历史和国内外研究现状进行了分析，最后介绍了仿人机器人的机器人手臂控制、手臂轨迹规划、路径规划三个方面的关键技术和研究现状。

第2章　NAO 机器人的软硬件基础

2.1　NAO 机器人简介

本书以 2012 年由软银机器人（SoftBank Robotics）研发的一款 NAO H25 型 V5 版本机器人[62]作为平台来研究机器人的手臂控制以及关节运动。NAO 机器人是一款全自主高性能双足机器人，它有讨人喜欢的外形设计和优良的硬件配置，身高 57cm，重 5.4kg，如图 2-1 所示。可以在多种平台上编程并且拥有开放式的编程构架，如 Linux、Windows 或 Mac OS 等，可以使用 C++ 或 Python 语言来控制，用户可以根据自己想象力和需求创立应用作用于 NAO。NAO 是近些年来在机器人研究中使用越来越多的一种类人机器人平台，它的广泛使用不仅仅是因为它在研究领域合理的价格，还因为它自 2008 年以来被选为机器人足球赛的“标准平台”。第一款 NAO 机器人出生于 2005 年，截止到 2012 年，在超过 2500 个 NAO 机器人在全球 60 个国家的约 450 家研究所和教育机构中被长期使用。

图 2-1　NAO 机器人

机器人全身具有 25 个自由度，头部有 2 个自由度，两个手臂一共有 10 个自由度，双手一共有 2 个自由度，骨盆有 1 个自由度，两条腿一共有 10 个自由度。它动作灵活，可完成各种仿人动作，还拥有一个惯性导航仪装置，以保持在移动模式下的平稳，一系列传感器可以保证它的活动十分准确，并让 NAO 更好地保持平衡。

2.2 硬件系统

NAO 机器人是由 Aldebaran Robotics 公司研制的一款将众多传感器装备于一身双足智能机器人，其硬件设备包含 CPU、超声波、陀螺仪、红外线等，下面逐一介绍各个设备的功能及参数，表 2-1 介绍了 NAO 机器人通用的一些硬件设备。

表 2-1 NAO 机器人硬件参数表

硬件设备	参数
处理器（CPU）	2 个 Intel Atom Z530 处理器，主 CPU 位于机器人头部位置，第二个 CUP 位于机器人躯干内部
存储器	内存 1GB，闪存 2GB
网络连接	以太网，Wi-Fi
电池	锂电池

（1）NAO 机器人内部还安装了视觉、声音等传感器，其视觉系统和声音系统使得机器人可以“看到”以及“听到”，使得 NAO 可以感知周围环境事物。

①视觉系统：机器人有两个相机，前额一个，嘴部一个，可以“看到”周围事物。相机是实现机器人视觉系统的主要硬件设施，既可以拍摄照片图像，也可以录制视频，都是由 NAO 的视觉软件模块实现。

②声音系统：机器人拥有两个高音质扬声器，分别位于机器人头部两侧的位置，并且在头部安装有四个话筒。因此 NAO 既可以“听到”周围声音，也可以“说”出动人的声音，都可以通过声音系统来完成。NAO 也可以通过双扬声器收到声音的时间差，对声音源进行定位，通过体内的处理器（CPU）进行运算，最终可以得到声音源的位置，可以实现与人进行交流。

（2）NAO 机器人拥有强大的硬件系统，除了通用硬件、视觉系统及声音系统外，还拥有一些其他特有的硬件设备。

①红外线：在 NAO 机器人两只眼睛中，各安装了一个红外线发射器和接收器，发射角度为 -60° ~ 60° 。通过红外信号，NAO 机器人可以实现与其他机器人间的通信，从而实现了多机器人间的交流。

②超声波：在 NAO 机器人胸部两边，各安装一个超声波发射器和接收器，通过超声波发射器发射的信号，在碰到障碍物的时候返回，通过超声波接收器接收到超声信号，信号通过处理器处理后，就可以反馈出机器人距离障碍物的长度，使得 NAO 机器人能够进行避障操作。超声波的有效测量范围是距离机器人前方 0.25 ~ 2.55m 距离的障碍物。

③接触传感器：接触传感器一般位于机器人头部、手等可以与人互动的位置，通过触摸、按压等接触操作与接触传感器互动，传感器产生电信号，可以向机器人传达信号，完成人机互动交流。

④惯性传感器：测量机器人的身体状态及加速度，可以检测机器人在行走过程中是否处于稳定状态，包括两个陀螺仪，一个加速度计。

⑤压力传感器：NAO 两只脚各有四个压力传感器，压力传感器也用来检测判断 NAO 机器人启动时是否处于初始状态，通常和惯性传感器一起进行使用，同时也有助于机器人行走过程中的平衡。

2.3　软件系统

NAO 机器人内部操作系统为 Gentoo Linux 系统，但是可以通过外部计算机远程连接机器人进行控制，其支持的操作系统有 Windows、Linux 和 Mac 等。外部计算机通过软件 Choregraphe 进行有线或者无线连接 NAO 机器人，通过编程与 NAO 机器人进行互动。同时支持 Aldebaran Robotics 的系统框架 NAOqi，提供了许多可供调用的应用程序接口（API）来操控 NAO 机器人，如机器人拍照、行走、说话，以及读取传感器数值参数等，在外部也可以使用 Python、C++、Matlab、Java 等编程语言来调用这些 API。以下介绍 Choregraphe 软件和 NAOqi 系统框架。

（1）Choregraphe 软件。Choregraphe 是 NAO 机器人提供的图形化编程环境，如图 2-2 所示，指令盒提供了许多 NAO 机器人的行为模块，如人机交流、跳太极舞等行为模块。用户可以在流程操作区自己创建应用于 NAO 机器人行为指令，然后将其上传至连接的 NAO 机器人进行测试，相应虚拟机器人与连接的机器人一样也会做出相应的动作。Choregraphe 也提供了用户自定义指令功能，用户可以使用 Python 编程语言来编写自定义指令，丰富 NAO 机器人的行为动作。

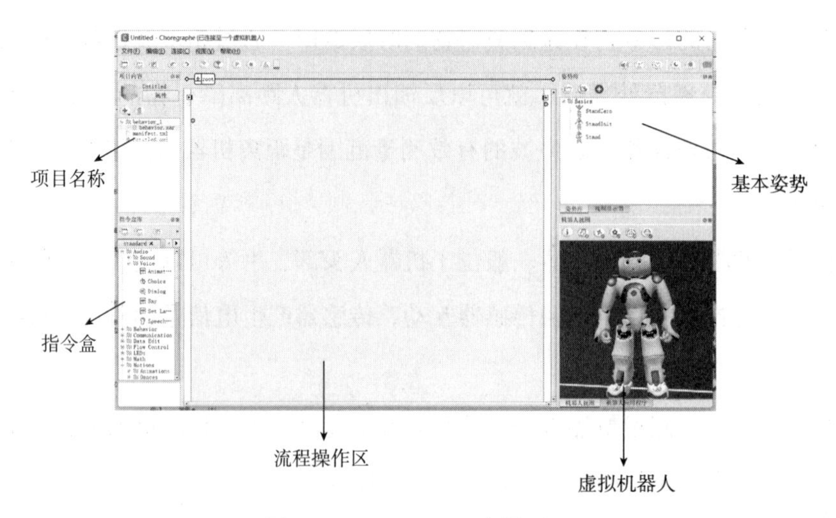

图 2-2　Choregraphe 主界面

（2）NAOqi 框架。NAOqi 是 NAO 机器人内部处理信息以及外部编程控制机器人用到得最多的软件，主要作用就是控制 NAO 机器人正常运行。NAOqi 也是一个跨语言的系统框架，也是 NAO 机器人编程的主要框架，各个模块之间可以互相共享信息，最终实现信息之间的传递交流。NAOqi 也可以使用 C、Python、Java 等编程语言来调用 NAOqi 中的 API 对机器人进行控制，完成 NAO 机器人的各种行为动作。

NAOqi 的方法在调用时间上来看，大致可以分为阻塞式和非阻塞式调用。

①阻塞式调用：机器人必须按照顺序进行调试，上一个动作结束之前，程序处于阻塞状态，所有调试动作必须顺序进行。例如，moveTo（ ）：机器人行走至目标位置，阻塞调用。

②非阻塞式调用：该调试动作不能立刻得到结果，但也不会阻塞后边调试动作，而是会立刻返回，继续执行后边的语句。例如，setSiffnesses（ ）：设置关节刚度，非阻塞调用。

2.4　NAO 机器人的视觉系统

NAO 机器人的视觉系统主要用于拍摄图像，也是机器人获取周围环境最主要的方式。NAO 机器人头部具备包括双摄像头的视觉系统，且它们都为 CMOS 摄像头，如图 2–3 所示。

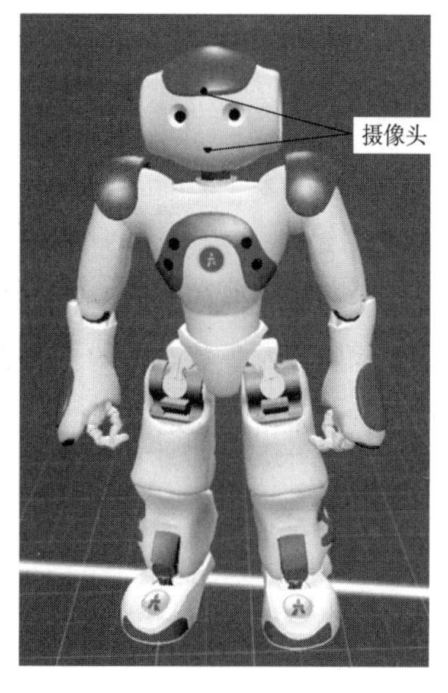

图 2–3　NAO 机器人摄像头位置

两个摄像头视野范围不一样，位于 NAO 机器人前额处的摄像头，位置高视野范围更远，可以拍摄到距离较远位置的图像信息，而位于嘴部的摄像头，摄像头角度向下，能够拍摄距离较近位置的图像信息，大约为 60cm 以内的周围环境。两个摄像头可采集最高 1280 像素 ×960 像素的实时图像，帧率为 30 帧 /s。摄像头的垂直视角视野如图 2–4（a）所示，水平视角视野如图 2–4（b）所示。从图中可以看出，NAO 机器人的两个摄像头水平视角均为 60.97°，垂直视角为 47.64°，同时在额头位置的铅锤方向上有 1.2° 的安装偏角[63]。

由图 2–4 可以看出，两个摄像机的视野几乎不重叠，因此对于视野中的物体不可能在两个摄像机同时出现，并且摄像机也只能单摄像机工作，所以本文使用单目视觉测距定位算法。摄像机获取图像的方式为本地获取和远程获取两种方式，其中本地获取图像的方式适用于 NAO 机器人实时获取图像并对图像进行处理的情况，效率高、速度快。远程获取图像的方式为了使用远程计算机的性能，对图像进行更加深度的处理，机器人内部 CUP 无法处理的情况下。

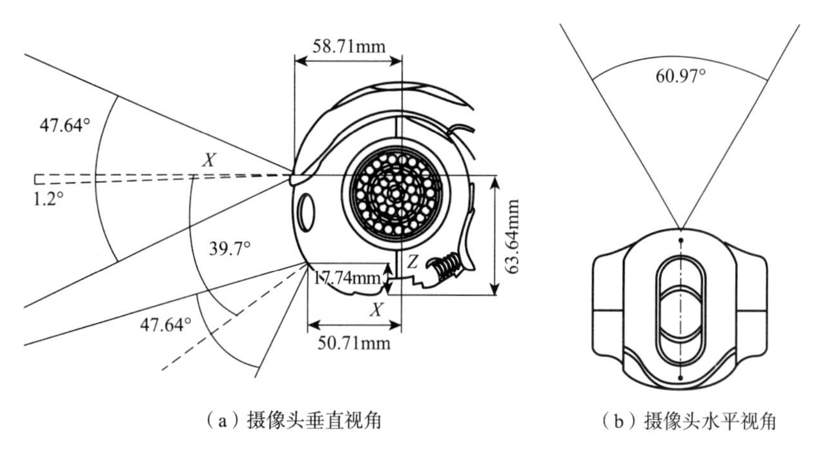

（a）摄像头垂直视角　（b）摄像头水平视角

图 2–4　摄像头视角视野图

2.5 本章小结

本章概括地介绍了第五代 NAO 机器人主要性能指标，详细介绍了 NAO 机器人的硬件设备以及参数、NAO 机器人的操作系统以及视觉系统，为后续展开 NAO 机器人的关键技术研究奠定基础。

第3章　机器人控制理论基础

3.1　机器人运动学

机器人可以看作由一系列运动副连接起来的连杆构成的系统，其自由度是由它的连杆和运动副个数，以及它的类型决定的。为了控制机器人，首先要明确其关节连杆运动和末端执行器运动之间的关系，因为关节的运动的结果反映在末端执行器的动作上。因此，研究运动学是必不可少的，尤其是机器人不同连杆坐标系之间的变换。

机器人执行特定的任务时，首先要确定其末端执行器相对于原点的位置和方位，这是解决位置问题必需的因素。其关系的一阶和二阶导数分别是速度和加速度问题，用来进行末端执行器平滑运动控制和机器人手臂动力学分析。既然机器人末端执行器的位置是由关节运动控制的6个笛卡尔变量决定的，那么，找到两者之间的关系是很有必要的。

在位置分析中，需要明确笛卡尔空间与关节空间之间的关系，也就是正运动学和逆运动学。在正运动学中，已知关节变量，求得机器人末端执行器的位置，反之，则是逆运动学，是根据已知的机器人末端执行器位置求得相关的关节变量。对于运动学求解问题来说，正运动学具有唯一解，即关节变量确定后，机器人末端执行器的位置和方向是一定的。而逆运动学会有多重解，也可能无解，也就是说，给定机器人末端执行器位姿，所得到关节变量具有多种可能。

在机器人手臂运动学研究中，最重要的就是确定空间中物体的位置和方向。为了确定物体的方向和位置，首先应先确立参考坐标系，然后采用笛卡尔坐标系对物体进行姿态描述。

3.1.1 位置与姿态的描述

三维笛卡尔空间中任意一点 P 的位置可以由矢量 $\boldsymbol{p}$ 来描述，在参考坐标系 $\{F\}$ 中，可以表示为：

$$^{F}P=\begin{bmatrix}\boldsymbol{p}_x\\ \boldsymbol{p}_y\\ \boldsymbol{p}_z\end{bmatrix}$$

式中，x，y，z 代表位置矢量 $\boldsymbol{p}$ 在坐标系 $\{F\}$ 中分别沿 x 轴、y 轴和 z 轴的投影。如图 3–1 所示。

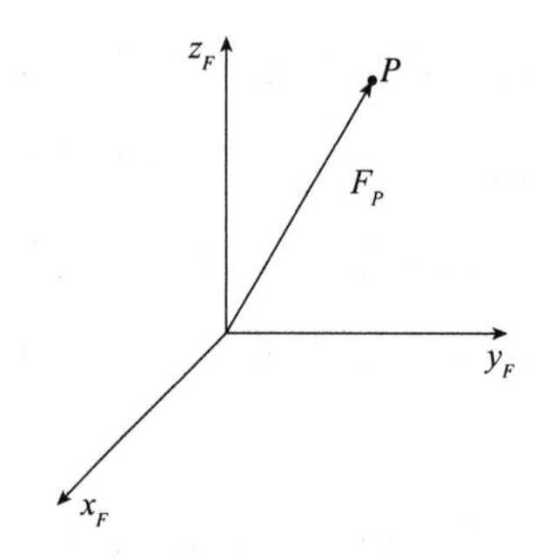

图 3–1 位置表示

在三维笛卡尔空间中，刚体的运动包括平移和旋转，平移是在笛卡尔坐标下，旋转是在角坐标下。刚体的姿态如图 3–2 所示，是相对于坐标系 $\{F\}$ 的运动。

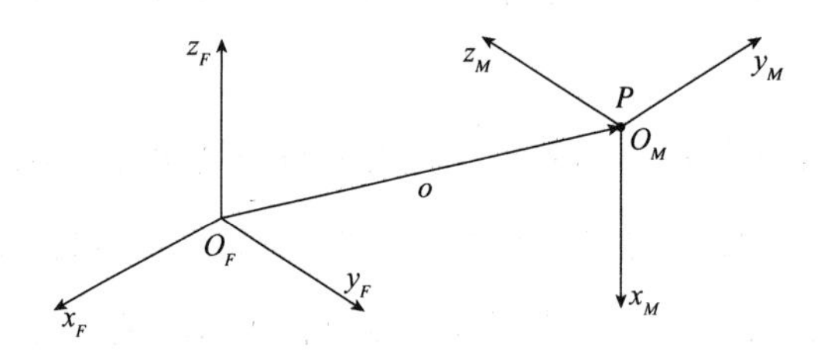

图 3–2 刚体的姿态

刚体的方位可以用不同方式表达，比如用方向余弦表示或欧拉角表示等，但是每种表示方法都有他们自己的局限。

在坐标系 $\{F\}$ 和 $\{M\}$ 下，点 P 的坐标分别为：

$$^{F}P=\begin{bmatrix}\boldsymbol{p}_x\\ \boldsymbol{p}_y\\ \boldsymbol{p}_z\end{bmatrix}\quad ^{M}P=\begin{bmatrix}\boldsymbol{p}_u\\ \boldsymbol{p}_v\\ \boldsymbol{p}_w\end{bmatrix}$$

$\boldsymbol{Q}$ 是 3×3 的旋转矩阵，描述从坐标系 $\{F\}$ 到 $\{M\}$ 矢量 $\boldsymbol{p}$ 的变换，则 $\boldsymbol{Q}$ 为：

$$\boldsymbol{Q}=\begin{bmatrix}{}^F\boldsymbol{x}_M & {}^F\boldsymbol{y}_M & {}^F\boldsymbol{z}_M\end{bmatrix}=\begin{bmatrix}u_x & v_x & w_x\\ u_y & v_y & w_y\\ u_z & v_z & w_z\end{bmatrix} \tag{3-1}$$

式中，三个列矢量 ${}^F\mathrm{x}_M$，${}^F\mathrm{y}_M$，${}^F\mathrm{z}_M$ 两两相互垂直，都是正交单位矢量。因此，旋转矩阵 $\boldsymbol{Q}$ 是正交的，并满足条件：

$$\boldsymbol{Q}^{\mathrm{T}}\boldsymbol{Q}=\boldsymbol{Q}\boldsymbol{Q}^{\mathrm{T}}=1,\ \boldsymbol{Q}^{-1}=\boldsymbol{Q}^{\mathrm{T}} \tag{3-2}$$

用欧拉角方法可以得到通过对当前轴进行三次基本的旋转所构成的最小的方位表示。在可能的旋转序列中，有 12 个不同角度的可能，在这之中，对通常情况 zyz 序列进行分析。

在坐标系 $\{F\}$ 中，绕 z 轴旋转角度 φ，则旋转矩阵为：

$$\boldsymbol{Q}_z=\begin{bmatrix}\mathrm{c}\varphi & -\mathrm{s}\varphi & 0\\ \mathrm{s}\varphi & \mathrm{c}\varphi & 0\\ 0 & 0 & 1\end{bmatrix} \tag{3-3}$$

在当前坐标系中，绕 y' 轴旋转角度 θ，则旋转矩阵为：

$$\boldsymbol{Q}_{y'}=\begin{bmatrix}\mathrm{c}\theta & 0 & \mathrm{s}\theta\\ 0 & 1 & 0\\ -\mathrm{s}\theta & 0 & \mathrm{c}\theta\end{bmatrix} \tag{3-4}$$

在当前坐标系中，绕 z'' 轴旋转角度 ψ，则旋转矩阵为：

$$\boldsymbol{Q}_{z''}=\begin{bmatrix}\mathrm{c}\psi & -\mathrm{s}\psi & 0\\ \mathrm{s}\psi & \mathrm{c}\psi & 0\\ 0 & 0 & 1\end{bmatrix} \tag{3-5}$$

坐标系的最终方位由以上的连续的旋转矩阵右乘可得 $\boldsymbol{Q}$ 为：

$$\boldsymbol{Q}=\boldsymbol{Q}_z\boldsymbol{Q}_{y'}\boldsymbol{Q}_{z''}=\begin{bmatrix}\mathrm{c}\varphi\mathrm{c}\theta\mathrm{c}\psi-\mathrm{s}\varphi\mathrm{s}\psi & -\mathrm{c}\varphi\mathrm{c}\theta\mathrm{s}\psi-\mathrm{s}\varphi\mathrm{c}\psi & \mathrm{c}\varphi\mathrm{s}\theta\\ \mathrm{s}\varphi\mathrm{c}\theta\mathrm{c}\psi+\mathrm{c}\varphi\mathrm{s}\psi & -\mathrm{s}\varphi\mathrm{c}\theta\mathrm{s}\psi+\mathrm{c}\varphi\mathrm{c}\psi & \mathrm{s}\varphi\mathrm{s}\theta\\ -\mathrm{s}\theta\mathrm{c}\psi & \mathrm{s}\theta\mathrm{s}\varphi & \mathrm{c}\theta\end{bmatrix} \tag{3-6}$$

3.1.2　坐标变换

坐标变换指的是空间中一点 P 从一个坐标系移动到另一个坐标系，其中包括平移和旋转。

点 P 坐标变换可表示为：

$$^{F}P=[\boldsymbol{o}]_{F}+\boldsymbol{Q}^{M}\boldsymbol{p} \tag{3-7}$$

式中，$[\boldsymbol{o}]_{F}$ 为 $\{M\}$ 相对于 $\{F\}$ 的平移矢量，旋转矩阵 Q 描述 $\{M\}$ 相对于 $\{F\}$ 的方位。可以将其表示成等价的齐次变换形式为：

$$\begin{bmatrix} ^{F}P \\ 1 \end{bmatrix}=\begin{bmatrix} \boldsymbol{Q} & [\boldsymbol{o}]_{F} \\ \boldsymbol{0}^{\mathrm{T}} & 1 \end{bmatrix}\begin{bmatrix} ^{M}\boldsymbol{p} \\ 1 \end{bmatrix} \tag{3-8}$$

写成矩阵形式为：

$$^{F}P=\boldsymbol{T}^{M}\boldsymbol{p} \tag{3-9}$$

式中，$^{F}\boldsymbol{p}$ 和 $^{M}\boldsymbol{p}$ 是 4×1 的列矢量，齐次变换矩阵 $\boldsymbol{T}$ 是 4×4 的方阵，需要指出的是，$\boldsymbol{T}$ 的正交性不成立，但是，可以通过上式得到 $\boldsymbol{T}$ 的逆矩阵为：

$$\boldsymbol{T}^{-1}=\begin{bmatrix} \boldsymbol{Q}^{\mathrm{T}} & -\boldsymbol{Q}^{\mathrm{T}}[\boldsymbol{o}]_{F} \\ \boldsymbol{0}^{\mathrm{T}} & 1 \end{bmatrix} \tag{3-10}$$

3.1.3 Denavit-Hartenberg 法

机器人手臂看作连杆系统，为了控制机器人手臂的末端执行器，找到末端执行器与原点相关的参考坐标系之间的关系至关重要。这层关系可以通过所有连杆的相关坐标系之间的坐标变换得到，以递归方式对其进行描述。为此，上述刚体位置和姿态的要素可用于获得连续坐标系之间的坐标变换的组合。一般方法是定义从第一个连杆到第二个连杆的相对位姿，重点是从第一个连杆到第二个连杆之间坐标系的变化，以及它们之间坐标变换的计算。总的来说，固定在连杆上的坐标系是任意选择的，然而，这样不仅不足以描述结构独特的机器人手臂，也不能与机器人手臂本身的参数以及之间的坐标变换关联起来，进而设定一些规则来定义连杆坐标系就能使表示方法更为便捷高效。

以 D-H 法定义连杆坐标系，如图 3-3 所示。

（1）第一个关节为关节 $i-1$，第二个关节为关节 i，以此类推，连杆同样。

（2）确定 z 轴，图中以关节 $i+1$ 所在轴的方向为轴 z_i。

（3）确定 x 轴，图中以 z_{i-1} 与 z_i 的公垂线为轴 x_i。

（4）通过右手系确定 y 轴。

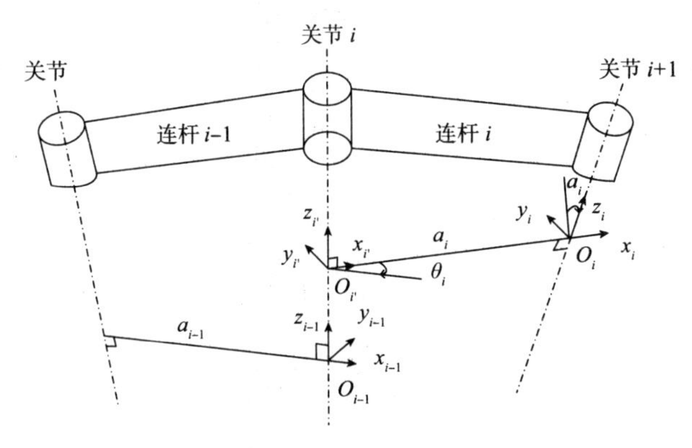

图 3-3　D-H 运动学参数

一旦连杆坐标系确定，4 个参数就能确定坐标系 i 相对于坐标系 i-1 的方位，这 4 个参数就是 D-H 参数：

a_i：O_i 和 O_i' 之间的距离。

d_i：O_i' 沿轴 z_{i-1} 的坐标。

α_i：轴 z_{i-1} 和轴 z_i 之间的夹角，当绕轴 x_i 逆时针转动时取正。

θ_i：轴 x_{i-1} 和轴 x_i 之间的夹角，当绕轴 z_{i-1} 逆时针转动时取正。

这里就可以表示出 *DH* 坐标系 i 和 i-1 之间的变换：

（1）沿轴 z_{i-1} 平移 d_i，相应的变换矩阵为：

$$
{}^{d}\boldsymbol{T} = \begin{bmatrix} 1 & 0 & 0 & 0 \\ 0 & 1 & 0 & 0 \\ 0 & 0 & 1 & d_i \\ 0 & 0 & 0 & 1 \end{bmatrix} \tag{3-11}
$$

（2）绕轴 z_{i-1} 旋转 θ_i，相应的变换矩阵为：

$$
{}^{\theta}\boldsymbol{T} = \begin{bmatrix} \mathrm{c}\theta_i & -\mathrm{s}\theta_i & 0 & 0 \\ \mathrm{s}\theta_i & \mathrm{c}\theta_i & 0 & 0 \\ 0 & 0 & 1 & 0 \\ 0 & 0 & 0 & 1 \end{bmatrix} \tag{3-12}
$$

（3）沿 x_i' 平移 a_i，相应的变换矩阵为：

$$
{}^{a}\boldsymbol{T} = \begin{bmatrix} 1 & 0 & 0 & a_i \\ 0 & 1 & 0 & 0 \\ 0 & 0 & 1 & 0 \\ 0 & 0 & 0 & 1 \end{bmatrix} \tag{3-13}
$$

（4）绕轴 $x_{i'}$ 旋转 α_i，相应的变换矩阵为：

$$
{}^{\alpha}\boldsymbol{T}=\begin{bmatrix}1 & 0 & 0 & 0\\ 0 & \mathrm{c}\alpha_i & -\mathrm{s}\alpha_i & 0\\ 0 & \mathrm{s}\alpha_i & \mathrm{c}\alpha_i & 0\\ 0 & 0 & 0 & 1\end{bmatrix} \tag{3-14}
$$

则坐标系 i 和 i–1 之间最终坐标变换 $\boldsymbol{T}_i$ 可通过以上 4 个初级变换右乘得到：

$$
{}^{i-1}_{i}\boldsymbol{T}={}^{d}\boldsymbol{T}\,{}^{\theta}\boldsymbol{T}\,{}^{a}\boldsymbol{T}\,{}^{\alpha}\boldsymbol{T} \tag{3-15}
$$

$\boldsymbol{T}_i^{i-1}$ 可写为：

$$
{}^{i-1}_{i}\boldsymbol{T}(\boldsymbol{q}_i)=\begin{bmatrix}\mathrm{c}\theta_i & -\mathrm{s}\theta_i\mathrm{c}\alpha_i & \mathrm{s}\theta_i\mathrm{s}\alpha_i & a_i\mathrm{c}\theta_i\\ \mathrm{s}\theta_i & \mathrm{c}\theta_i\mathrm{c}\alpha_i & -\mathrm{c}\theta_i\mathrm{s}\alpha_i & a_i\mathrm{s}\theta_i\\ 0 & \mathrm{s}\alpha_i & \mathrm{c}\alpha_i & d_i\\ 0 & 0 & 0 & 1\end{bmatrix} \tag{3-16}
$$

需要说明的是，从坐标系 i–1 到 i 的变换矩阵是只与关节变量 q_i 有关的函数：

$$
{}^{i-1}_{i}\boldsymbol{T}=f(q_i) \tag{3-17}
$$

即：

$$
{}^{0}_{n}\boldsymbol{T}(q)={}^{0}_{1}\boldsymbol{T}(q_1)\,{}^{1}_{2}\boldsymbol{T}(q_2)\cdots{}^{n-1}_{n}\boldsymbol{T}(q_n) \tag{3-18}
$$

3.1.4 运动学问题

众所周知，机器人的动态运动是由其连杆运动组合而成，那么要想得到机器人动态运动首先要分析相关连杆系统的运动学。正向运动学可以用来规划从关节空间到工作空间中机器人的任何位形，反之，逆运动学是得到使机器人末端执行器到达期望位形所需要的关节变量。对于一个 n 自由度的机器人，已知关节变量 $\boldsymbol{q}=[q_1,\cdots,q_n]^{\mathrm{T}}$，经过连续矩阵变换可得正运动学的解为：

$$
\boldsymbol{T}_e(q)=\begin{bmatrix}\boldsymbol{Q}_e(q) & [\boldsymbol{o}]_F(q)\\ \boldsymbol{0}^{\mathrm{T}} & 1\end{bmatrix} \tag{3-19}
$$

又称机器人的正运动学方程。

逆运动学中，把操作空间中末端执行器的运动规则转换到相应关节空间运动中的问题解决很重要。逆运动学问题复杂有如下原因：

（1）要解决的方程式关节变量的一般非线性方程，而且不一定能得到封闭解。

（2）存在多重解。

（3）存在无穷解。

（4）鉴于机器人的结构，可能没有可行解。

逆运动学中，可以用代数法或几何法求得封闭解，也可以用逐次逼近算法求得数值解。虽然前者通常更适用于机器人实时控制的解决方案，但对于任意结构的机器人来说，不一定能获得封闭解，相反，保证有封闭解的机器人种类是非常有限的。用代数法求解就是通过代数变换找到关节角，几何法就是利用机器人特殊结构得到关节角，有时候将两种方法结合能高效地解决问题。

3.1.5　雅可比矩阵

运动学公式的建立可以得到关节变量和末端执行器位置的方向之间的关系，关节速度和相应的末端执行器的线速度和角速度可以通过雅克比来描述。

$$\boldsymbol{J}=\frac{\partial f(q)}{\partial q} \tag{3-20}$$

式中，$f(q)$ 为 m 维函数，表示末端执行器的位置和方向，q 为 n 维变量，表示关节变量，则 $\boldsymbol{J}$ 为 $m\times n$ 的雅克比矩阵。

雅克比矩阵是表征机器人特征最重要的工具之一，通常可以应用在发现奇异位形，分析冗余性，确定速度分析的逆运动学算法，描述施加在末端执行器上的力与关节产生的力矩之间的关系，以及推导动力学算法。

运动学公式包括旋转矩阵和关节变量向量 $\boldsymbol{q}=[q_1, \cdots, q_n]^{\mathrm{T}}$，关节变量 q 变化，末端执行器的位置和方向也随之变化，则目标末端执行器的角速度 $\boldsymbol{\omega}_e$ 和线速度 $\boldsymbol{v}_e$ 相关于关节变量 q 的函数分别为：

$$\boldsymbol{\omega}_e=\boldsymbol{J}_\omega\dot{q} \tag{3-21}$$

$$\boldsymbol{v}_e=\boldsymbol{J}_v\dot{q} \tag{3-22}$$

式中，$\boldsymbol{J}_\omega$ 和 $\boldsymbol{J}_v$ 是分别关于关节变量 q 作用在末端执行器的角速度 $\boldsymbol{\omega}_e$ 和线速度 $\boldsymbol{v}_e$ 的矩阵。上式亦可写为：

$$\boldsymbol{t}_e=\boldsymbol{J}\dot{q} \tag{3-23}$$

式中：

$$\boldsymbol{J}=\begin{bmatrix}\boldsymbol{J}_{\omega}\\ \boldsymbol{J}_{v}\end{bmatrix}\quad \boldsymbol{t}_{e}=[\boldsymbol{\omega}_{e}^{\mathrm{T}}\boldsymbol{v}_{e}^{\mathrm{T}}]^{\mathrm{T}} \tag{3-24}$$

$\boldsymbol{J}$ 就是关节变量 q 的雅克比矩阵。

令第 i 个关节的角速度和线速度分别为 $\boldsymbol{\omega}_i$ 和 $\boldsymbol{v}_i$，e_i 为平行于转动关节轴的单位向量，由于：

$$\boldsymbol{\omega}_e=\boldsymbol{\omega}_i \tag{3-25}$$

$$\boldsymbol{v}_e=\boldsymbol{v}_i+\boldsymbol{\omega}_i\times a_{ie} \tag{3-26}$$

式中，a_{ie} 为末端执行器相对于第 i 个连杆原点的位置向量，则雅可比矩阵为：

$$\boldsymbol{J}=\begin{bmatrix}e_1 & e_2 & \cdots & e_n\\ e_1\times a_{1e} & e_2\times a_{2e} & \cdots & e_n\times a_{ie}\end{bmatrix} \tag{3-27}$$

式中：

$$a_{n,e}=a_{n,i}+a_i \tag{3-28}$$

第 i 列 j_i 为

$$j_i=\begin{bmatrix}e_{\mathrm{i}}\\ e_i\times a_{n,e}\end{bmatrix}\text{关节 } i \text{ 为旋转关节} \tag{3-29}$$

$$j_i=\begin{bmatrix}\mathbf{0}\\ e_i\end{bmatrix}\text{关节 } i \text{ 为平动关节} \tag{3-30}$$

3.2 机器人动力学

通过运动学可以得出关节变化与末端执行器位姿变化之间的关系，但是仅仅靠运动学控制的机器人是无法完成更复杂精确的任务的，此时，就需要机器人动力学。动力学就是研究系统中引起运动的力 / 力矩，如果得到准确的机器人动力学方程，就能描述机器人的动力学行为，也就是机器人的动力学模型，从而控制关节变量，使机器人完成任务更迅速更精确。

机器人动力学模型发展在很多方面都很重要，可以研发合适的控制策略，一个复杂的控制器需要使用一个实际的动力学模型来实现机器人在高速运行下的最佳性能。

一些控制方案直接依赖于动力学模型来计算跟随期望轨迹所需的力 / 力矩。机器人动力学模型也经常用于机器人系统的仿真，可以在各种操作条件下检查模型的性能，也可以预测当建立机器人系统时的反应。机器人动力学模型还能为连杆、轴承和执行器的设计以及尺寸所需的所有关节反应力 / 力矩提供理论指导。

一个机器人，已知它的物理参数，通常希望解决与动力学有关的两个问题是：正动力学和逆动力学。正动力学是找到与作用于关节上的力 / 力矩相一致的机器人手臂的响应，即已知关节力 / 力矩，计算出与时间相关的机器人的运动。第二个问题，逆动力学是找到产生机器人期望轨迹所需的力 / 力矩，对机器人控制问题很有用。正动力学并不像逆动力学那样重要，因为它主要用于机器人计算机仿真，只是展示机器人如何工作的，而且有效的逆动力学模型在机器人实时控制上变得极为重要。

动力学方程可以由好几种方法表示，一种是运用拉格朗日运动方程，其优点是在广义坐标是独立选择的情况下，可以消除运动方程的约束力，使其适于运动控制和仿真，如果是用于设计，则这些消除的约束力可以用拉格朗日乘法恢复。另一种方法是用牛顿 – 欧拉法，为机器人的每一个关节写出牛顿 – 欧拉运动方程，得到一个包含作用力和约束力的方程组，这些方程可以同时求解所有的力，包括那些不利于运动但是设计需要的关节所带来的约束力。除此之外，还有其他方法解决机器人动力学问题、达朗贝尔原理、凯恩运动方程等。

3.2.1　静力学

机器人拾取东西时，它的末端执行器会在接触点对外界环境施加力 / 力矩，这里的力 / 力矩是由安装在关节上的执行器产生的。在静力学中，明确关机力矩和笛卡尔力矩以及作用在末端执行器上的力之间的关系对于确定机器人的各种关节的力 / 力矩传递具有重要意义，可以作为调整机器人连杆和轴承大小和选择合适执行器的基础，其结果也会用于柔顺控制。

研究表明，机器人执行器的输入力 / 力矩与通过雅克比矩阵转置得到的末端执行器输出的力有关。在静力学中得到的关节力 / 力矩与作用在末端执行器上的力 / 力矩平衡，这两种广义力之间的关系可由虚功原理得到。令 $\delta\boldsymbol{x}$ 和 $\delta\boldsymbol{\theta}$ 分别为线性转动部件末端执行器和机器人关节的无穷小位移，如果它们具有对系统施加任何约束的一致性，那么它们就称是虚位移。

当机器人手臂处于平衡时，虚功原理规定为：

$$w_e^{\mathrm{T}}\delta x=\tau^{\mathrm{T}}\delta\theta \tag{3-31}$$

式中，w_e 为末端执行器扭转量，τ 为关节力矩 / 力向量作用在关节上产生的扭转量。δ_x 和 δ_θ 与雅克比的定义有关：

$$\delta x=\boldsymbol{J}\delta\theta \tag{3-32}$$

式（3-32）可写为：

$$w_e^{\mathrm{T}}\boldsymbol{J}\delta\theta=\tau^{\mathrm{T}}\delta\theta \tag{3-33}$$

等式对所有 $\delta\theta$ 都成立，则：

$$w_e^{\mathrm{T}}\boldsymbol{J}=\tau^{\mathrm{T}} \tag{3-34}$$

等式两边换位得：

$$\tau=\boldsymbol{J}^{\mathrm{T}}w_e \tag{3-35}$$

需要指出的是，式（3-35）的雅克比矩阵 $\boldsymbol{J}$ 若是奇异的，末端执行器就不能施加期望静力。

3.2.2 牛顿 – 欧拉方程

用牛顿 – 欧拉方程推导机器人系统运动方程，首先应定义刚体的线性动量也就是动量和角动量，动量的变化率就是物体所受外力，角动量的变化率就是物体所受力矩。

如图 3–4 所示，坐标系 $\{F\}$ 中，$\mathrm{d}V$ 是物体 B 的微分，ρ 是物体的密度，$\boldsymbol{p}$ 是 $\rho\mathrm{d}V$ 微分的位置矢量，质心 C 的位置向量为 $\boldsymbol{c}$。

$$\boldsymbol{c}=\frac{1}{m}\int_V \boldsymbol{p}\rho\mathrm{d}V \tag{3-36}$$

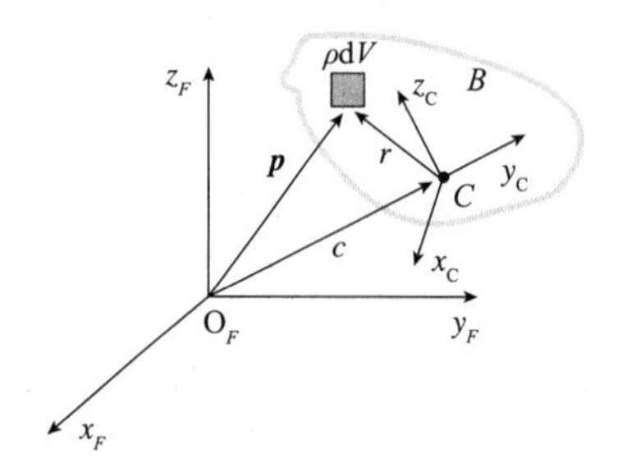

图 3–4　质点的力矩

质点 $\rho \mathrm{d}V$ 相对于原点 O 的动量为 $\boldsymbol{F}$，则：

$$\mathrm{d}\boldsymbol{F}=\frac{\mathrm{d}\boldsymbol{p}}{\mathrm{d}t}\rho \mathrm{d}V \tag{3-37}$$

总动量为：

$$\boldsymbol{F}=\int_V \frac{\mathrm{d}\boldsymbol{p}}{\mathrm{d}t}\rho \mathrm{d}V=\frac{\mathrm{d}}{\mathrm{d}t}\int_V \boldsymbol{p}\rho \mathrm{d}V \tag{3-38}$$

根据质心的定义，式（3–38）可写为：

$$\boldsymbol{F}=\frac{\mathrm{d}}{\mathrm{d}t}(m\boldsymbol{c})=m\boldsymbol{v}_{cm} \tag{3-39}$$

式中，v_{cm} 为质心相对于参考系的线速度，式（3–39）表明刚体的总动量与质心的动量相等。

角动量就是物体到原点的位移和其动量的向量积，B 相对于 O 的角动量为：

$$\boldsymbol{M}=\int_V \boldsymbol{p}\times\frac{\mathrm{d}\boldsymbol{p}}{\mathrm{d}t}\rho \mathrm{d}V \tag{3-40}$$

由图 3–4 可知 $\boldsymbol{p}=\boldsymbol{c}+\boldsymbol{r}$，式（3–40）可写为：

$$\boldsymbol{M}=\int_V \boldsymbol{c}\times\left(\frac{\mathrm{d}\boldsymbol{c}}{\mathrm{d}t}\rho \mathrm{d}V\right)+\int_V \boldsymbol{c}\times\left(\frac{\mathrm{d}\boldsymbol{r}}{\mathrm{d}t}\rho \mathrm{d}V\right)+\int_V \boldsymbol{r}\times\left(\frac{\mathrm{d}\boldsymbol{c}}{\mathrm{d}t}\rho \mathrm{d}V\right)+\int_V \boldsymbol{r}\times\left(\frac{\mathrm{d}\boldsymbol{r}}{\mathrm{d}t}\rho \mathrm{d}V\right) \tag{3-41}$$

注意：

$$\frac{\mathrm{d}\boldsymbol{r}}{\mathrm{d}t}=\boldsymbol{\omega}\times\boldsymbol{r} \tag{3-42}$$

式中，$\boldsymbol{\omega}$ 是刚体 B 的角速度，式（3–41）变形后：

$$\boldsymbol{M}=\boldsymbol{c}\times\boldsymbol{v}_{cm}\int_V \rho \mathrm{d}V+\boldsymbol{c}\times\left(\boldsymbol{\omega}\times\int_V \boldsymbol{r}\rho \mathrm{d}V\right)+\left(\int_V \boldsymbol{r}\rho \mathrm{d}V\right)\times\boldsymbol{v}_{cm}+\int_V \boldsymbol{r}\times\left(\boldsymbol{\omega}\times\boldsymbol{r}\right)\rho \mathrm{d}V \tag{3-43}$$

由于：

$$\int_V \rho \mathrm{d}V=m,\ \int_V \boldsymbol{r}\rho \mathrm{d}V=0 \tag{3-44}$$

则总角动量为：

$$\boldsymbol{M}=\boldsymbol{c}\times(m\boldsymbol{v}_{cm})+\boldsymbol{\Phi} \tag{3-45}$$

式中：

$$\boldsymbol{\Phi}=\int_V \boldsymbol{r}\times(\boldsymbol{\omega}\times\boldsymbol{r})\rho \mathrm{d}V \tag{3-46}$$

式（3–46）中 $\boldsymbol{\Phi}$ 代表了刚体在质心 C 附近的角动量，式（3–45）是 B 关于原点 O 的总角动量，它等于 m 质点质量集中在质心处的角动量加上围绕质心旋转的角动量。根据三矢量叉乘公式，式（3–46）中：

$$\boldsymbol{r}\times(\boldsymbol{\omega}\times\boldsymbol{r})=(\boldsymbol{r}^{\mathrm{T}}\boldsymbol{r})\boldsymbol{\omega}-(\boldsymbol{r}^{\mathrm{T}}\boldsymbol{\omega})\boldsymbol{r}=[(\boldsymbol{r}^{\mathrm{T}}\boldsymbol{r})\mathbf{1}-\boldsymbol{r}\boldsymbol{r}]\boldsymbol{\omega} \tag{3-47}$$

则式（3–46）可写为：

$$\boldsymbol{\Phi}=\boldsymbol{I}\boldsymbol{\omega} \tag{3-48}$$

式中：

$$\boldsymbol{I}=\int_V[(\boldsymbol{r}^{\mathrm{T}}\boldsymbol{r})\mathbf{1}-\boldsymbol{r}\boldsymbol{r}]\boldsymbol{\omega} \tag{3-49}$$

$\boldsymbol{I}$ 为刚体 B 在质心 C 的惯性张量，式（3–49）就是刚体角动量的表达式。则刚体所受力矩 $\boldsymbol{\tau}$ 为：

$$\boldsymbol{\tau}=\frac{\mathrm{d}\boldsymbol{\Phi}}{\mathrm{d}t}=\frac{\mathrm{d}\boldsymbol{I}\boldsymbol{\omega}}{\mathrm{d}t}=\boldsymbol{I}\boldsymbol{\alpha}+\boldsymbol{\omega}\times\boldsymbol{I}\boldsymbol{\omega} \tag{3-50}$$

式中，$\boldsymbol{\alpha}$ 为角加速度。

用牛顿 – 欧拉法分析机器人动力学，也就是把作用在每个关节的力矩和力合起来，由此产生的方程包括所有相邻关节之间的约束力矩和，用此推导机器人动力学方程是一个递归算法。此方法很好理解，但是计算量大，求法复杂。

3.2.3 拉格朗日方程

牛顿 – 欧拉解析机器人动力学方程，最后得到的是一迭代表达式，而且此方法对坐标系很依赖，而拉格朗日法能把机器人动力学从牛顿 – 欧拉繁琐的解法中解放出来。拉格朗日思想是来表述机器人动力学就是指机器人手臂输出的力与机器人关节运动之间的关系，用函数表示为：

$$\tau=f(\ddot{q},\dot{q},q) \tag{3-51}$$

拉格朗日法与牛顿 – 欧拉法力学本质是一致的，但是前者除了不依赖空间坐标系之外，也不需要分析系统的内部约束力，可以通过广义坐标的概念和拉格朗日函数导出，拉格朗日函数为所研究机械系统下动能和势能之差：

$$L=T-U \tag{3-52}$$

式中，L 为拉格朗日函数，T 和 U 分别为系统总动能和总势能。机器人系统动能取决于其位置和方向以及它连杆的速度，而势能取决于连杆的构造。拉格朗日方程为：

$$\frac{\mathrm{d}}{\mathrm{d}t}\left(\frac{\partial L}{\partial \dot{q}_n}\right)-\frac{\partial L}{\partial q_n}=\xi_n, n=1,\cdots,i \tag{3-53}$$

式中，i 为系统配置的独立广义坐标的个数，ξ_n 为广义坐标 q_n 相关的广义力。令 q 为广义坐标下的关节变量，$\boldsymbol{\tau}$ 为关节输出的力矩，则有：

$$\frac{\mathrm{d}}{\mathrm{d}t}\left(\frac{\partial L}{\partial \dot{q}}\right)-\frac{\partial L}{\partial q}=\boldsymbol{\tau} \tag{3-54}$$

即：

$$\frac{\mathrm{d}}{\mathrm{d}t}\left(\frac{\partial T}{\partial \dot{q}}\right)-\frac{\partial T}{\partial q}+\frac{\partial V}{\partial q}=\boldsymbol{\tau} \tag{3-55}$$

如图 3–5 所示，连杆 i 的动能 T_i 为：

$$T_i=\frac{1}{2}m_i\boldsymbol{v}_i^{\mathrm{T}}\boldsymbol{v}_i+\frac{1}{2}\boldsymbol{\omega}_i^{\mathrm{T}}\boldsymbol{I}_i\boldsymbol{\omega}_i \tag{3-56}$$

式中，m_i 为连杆质量，$\boldsymbol{v}_i$ 为质心的线速度，$\boldsymbol{\omega}_i$ 为连杆角速度，$\boldsymbol{I}_i$ 为连杆关于质心的惯性张量。总动量 T 是每个关节相对运动而引起的连杆的动量之和为：

$$T=\sum_{i=1}^{n}T_i=\sum_{i=1}^{n}\frac{1}{2}(m_i\boldsymbol{v}_i^{\mathrm{T}}\boldsymbol{v}_i+\boldsymbol{\omega}_i^{\mathrm{T}}\boldsymbol{I}_i\boldsymbol{\omega}_i) \tag{3-57}$$

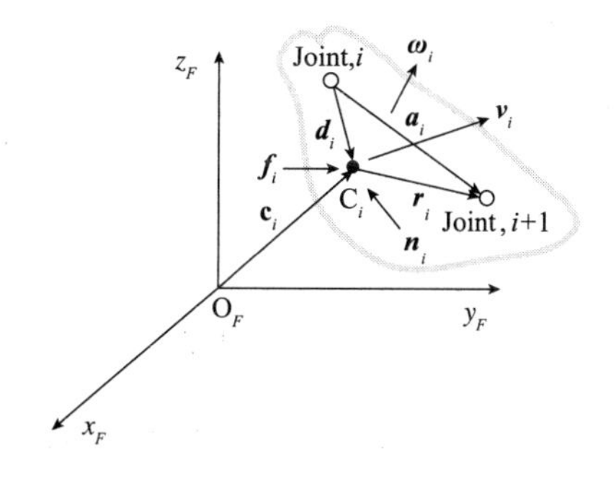

图 3–5　关节机器人

此时，总动量的问题就变成了用关节变量表示连杆线速度和角速度的问题，雅可比矩阵就派上用场了。以初始坐标系为参考坐标系，$\boldsymbol{q}=[q_1, q_2, \cdots, q_n]^{\mathrm{T}}$，连杆质心 p_{ci} 的位置为：

$$p_{ci}=\begin{bmatrix}p_{xi}\\p_{yi}\\p_{zi}\end{bmatrix} \tag{3-58}$$

则连杆质心线速度为：

$$\boldsymbol{v}_i = \boldsymbol{J}_{v,i}\dot{\boldsymbol{q}} \tag{3-59}$$

式中，

$$\boldsymbol{J}_{v,i} = \begin{bmatrix} \boldsymbol{j}_{v,1} & \boldsymbol{j}_{v,2} & \cdots & \boldsymbol{j}_{v,3} & \boldsymbol{0} \end{bmatrix} \tag{3-60}$$

角速度为：

$$\boldsymbol{\omega}_i = \boldsymbol{J}_{\omega,i}\dot{\boldsymbol{q}} \tag{3-61}$$

式中，

$$\boldsymbol{J}_{\omega,i} = \begin{bmatrix} \boldsymbol{j}_{\omega,1} & \boldsymbol{j}_{\omega,2} & \cdots & \boldsymbol{j}_{\omega,3} & \boldsymbol{0} \end{bmatrix} \tag{3-62}$$

式中，$\boldsymbol{J}_{\omega,i}$ 的坐标系要与惯性张量的坐标系一致，机器人动力学方程变为：

$$T_i = \frac{1}{2} m_i \dot{\boldsymbol{q}}^{\mathrm{T}}\,{}^{0}\boldsymbol{J}_{v,i}^{\mathrm{T}}\,{}^{0}\boldsymbol{J}_{v,i}\dot{\boldsymbol{q}} + \frac{1}{2}\dot{\boldsymbol{q}}^{\mathrm{T}}\,{}^{C_i}\boldsymbol{J}_{\omega,i}^{\mathrm{T}}\,{}^{C_i}\boldsymbol{I}_{C_i}\,{}^{C_i}\boldsymbol{J}_{\omega,i}\dot{\boldsymbol{q}} \tag{3-63}$$

整理后得：

$$T = \sum_{i=1}^{n} T_i = \frac{1}{2}\dot{\boldsymbol{q}}^{\mathrm{T}}\left[\sum_{i=1}^{n} m_i\,{}^{0}\boldsymbol{J}_{v,i}^{\mathrm{T}}\,{}^{0}\boldsymbol{J}_{v,i}\dot{\boldsymbol{q}} + {}^{C_i}\boldsymbol{J}_{\omega,i}^{\mathrm{T}}\,{}^{C_i}\boldsymbol{I}_{C_i}\,{}^{C_i}\boldsymbol{J}_{\omega,i}\right]\dot{\boldsymbol{q}} \tag{3-64}$$

式中，

$$\bar{\boldsymbol{M}}_i = m_i\,{}^{0}\boldsymbol{J}_{v,i}^{\mathrm{T}}\,{}^{0}\boldsymbol{J}_{v,i}\dot{\boldsymbol{q}} + {}^{C_i}\boldsymbol{J}_{\omega,i}^{\mathrm{T}}\,{}^{C_i}\boldsymbol{I}_{C_i}\,{}^{C_i}\boldsymbol{J}_{\omega,i} \tag{3-65}$$

$$\boldsymbol{M} = \sum_{i=1}^{n} \bar{\boldsymbol{M}}_i \tag{3-66}$$

为质量矩阵，机器人动能可写为：

$$\boldsymbol{T} = \frac{1}{2}\dot{\boldsymbol{q}}^{\mathrm{T}}\boldsymbol{M}\dot{\boldsymbol{q}} \tag{3-67}$$

和动能一样，存储在机器人中的总势能是每个连杆的势能之和。基于刚性连杆的假说，连杆 i 的势能为在重力作用下，将连杆重心从水平基准面提升到现在位置所需的能量。则机器人手臂的总势能为：

$$V = -\sum_{i=1}^{n} m_i \boldsymbol{c}_i^{\mathrm{T}}\boldsymbol{g} \tag{3-68}$$

式中：向量 $\boldsymbol{c}_i$ 是关节变量的函数。

将式（3-68）代入拉格朗日公式，则有：

$$L = T - U = \sum_{i=1}^{n}\left(\frac{1}{2}\dot{\boldsymbol{q}}^{\mathrm{T}}\bar{\boldsymbol{M}}_i\dot{\boldsymbol{q}} + m_i\boldsymbol{c}_i^{\mathrm{T}}\boldsymbol{g}\right) \tag{3-69}$$

为了便于推导，将动能项扩展为一个标量，令 p_{ij} 为 M 第（i，j）个元素，则拉格朗日公式为：

$$L = \sum_{i=1}^{n}\left(\sum_{j=1}^{n}\frac{1}{2}p_{ij}\dot{q}_i\dot{q}_j + m_i\boldsymbol{c}_i^{\mathrm{T}}\boldsymbol{g}\right) \tag{3-70}$$

既然势能与$\dot{q}_i$无关，对 L 取$\dot{q}_i$的偏导得：

$$\frac{\partial L}{\partial \dot{q}_i} = \sum_{j=1}^{n}p_{ij}\dot{q}_j \tag{3-71}$$

对式（3–71）求关于时间 t 的导数得：

$$\frac{d}{dt}\left(\frac{\partial L}{\partial \dot{q}_i}\right) = \sum_{j=1}^{n}\left[p_{ij}\ddot{q}_j + \left(\frac{dp_{ij}}{dt}\right)\dot{q}_j\right] = \sum_{j=1}^{n}\left(p_{ij}\ddot{q}_j + \sum_{k=1}^{n}\frac{\partial p_{ij}}{\partial q_k}\dot{q}_j\dot{q}_k\right) \tag{3-72}$$

对 L 求 q_i 的偏导得：

$$\frac{\partial L}{\partial q_i} = \frac{1}{2}\frac{\partial}{\partial q_i}\left(\sum_{j=1}^{n}\sum_{k=1}^{n}p_{ij}\dot{q}_j\dot{q}_k\right) + \sum_{j=1}^{n}m_j\boldsymbol{g}^{\mathrm{T}}\frac{\partial \mathbf{c}_j}{\partial q_i} \tag{3-73}$$

整理：

$$\frac{\partial L}{\partial q_i} = \frac{1}{2}\sum_{j=1}^{n}\sum_{k=1}^{n}\frac{\partial p_{ik}}{\partial q_i}\dot{q}_j\dot{q}_k + \sum_{j=1}^{n}m_j\boldsymbol{g}^{\mathrm{T}}\boldsymbol{j}_{c,j}^{(i)} \tag{3-74}$$

最后，动力学方程为：

$$\sum_{j=1}^{n}p_{ij}\ddot{q}_j + C_i + G_i = \tau_i \tag{3-75}$$

式中：

$$C_i = \sum_{j=1}^{n}\sum_{k=1}^{n}\left(\frac{\partial p_{ij}}{\partial q_k} - \frac{1}{2}\frac{\partial p_{ik}}{\partial q_i}\right)\dot{q}_j\dot{q}_k \tag{3-76}$$

$$G_i = -\sum_{j=1}^{n}m_j\boldsymbol{g}^{\mathrm{T}}\boldsymbol{j}_{c,j}^{(i)} \tag{3-77}$$

用矩阵形式表示为：

$$M(q)\ddot{q} + C(q,\dot{q})\dot{q} + G(q) = \tau \tag{3-78}$$

式中，$C(q,\dot{q})$反应了离心力和哥氏力。

3.3 轨迹规划

关节式机器人具有多个自由度，如人形机器人，已成为机器人技术和人工智能研究的热门平台，这种机器人可以执行复杂的动作，包括平衡、行走、站立等。众所周知，机器人的动态运动是由其连杆运动组合而成，那么要想得到机器人动态运动首先要分析相关连杆系统的运动学。正向运动学可以用来规划从关节空间到工作空间中机器人的任何位形，反之，逆运动学是得到使机器人末端执行器到达期望位形所需要的关节变量。

机器人轨迹规划是根据机器人为了完成任务运动而产生的函数，例如，从一个地方捡起一个物体放到另一个地方，还有沿曲线焊接两块金属。前者是已知初始点和终点这种点到点的运动，而后者是需要指定一个有限的点序列这种连续路径运动。轨迹规划不仅能在关节空间中，根据关节的位置、速度和加速度，也能在笛卡尔空间也称操作空间，依据末端执行器的位置、方向以及它们的时间导数。通常后者比较直观，因为它是对机器人执行任务的自然描述，然而，机器人上的动作控制是在关节空间，合适的逆运动学算法可以用来重建笛卡尔空间中关节变量的时间序列。前者是属于点到点的运动，后者是连续的路径规划，其中点对点路径规划，只需要给定起始位置和期望位置，不考虑末端执行器采用何种路径何种方式到达指定位置。连续的路径规划需要在起始位置和期望位置中间添加一些关键点，以使末端执行器按照设计好的路径进行运动。在关节空间中进行轨迹规划，首先选取各关节的首尾节点，随后为其规划适当路径，目的是通过控制关节能够以高精度进行轨迹跟踪，使其末端执行器平稳达到期望位置。而笛卡尔空间的轨迹规划，则是利用运动学方程表示出末端执行器的位置、速度和加速度，然后通过逆运动学获得各关节信息。

3.4　本章小结

本章针对机器人手臂控制以及轨迹规划相关理论进行了简单的介绍，包括位姿、坐标变换、旋转变换等数学基础，还有运动学中的 D-H 算法和动力学中雅可比矩阵，针对动力学建模，介绍了牛顿 - 欧拉方程以及拉格朗日方程，为以后章节的离线建模和 NAO 机器人手臂控制器的设计仿真奠定了理论基础。还简述了机器人轨迹规划的相关知识，为后期基于目标识别的轨迹规划做准备。

第 4 章　NAO 机器人手臂建模与控制器设计

4.1　机器人手臂运动学建模

研究如何控制一个机器人手臂首先需要研究的是其运动学模型，机器人的手臂结构的运动学分析，是描述笛卡尔空间中相对一个固定的参考坐标系的运动。对于一个机器人手臂，运动学描述的是关节位置与末端执行器位置和方向之间的解析关系，也就是机器人手臂的运动特性，包括机器人手臂的位置、速度和加速度以及它们相对于时间的导数，不需考虑使机器人手臂产生运动的力、力矩。

机器人手臂的运动学包括正运动学和逆运动学。对机器人手臂的正、逆运动学分析主要是针对机器人手臂各个关节坐标系之间的运动关系进行系统分析，是机器人手臂运动控制的基础。正运动学描述的是已知手臂的关节变量，计算手臂末端执行器的位姿；逆运动学是已知手臂末端执行器的位姿，计算手臂的关节变量。想要对手臂末端执行器进行控制，首先要通过逆运动学将其操作空间的位姿转换成关节空间中的关节变量。因此，逆运动学是手臂控制和轨迹规划的基础，求逆运动学的解很重要。逆运动学的解的复杂程度往往与手臂的结构有很大关系。为了方便处理机器人手臂的这一复杂几何参数，首先在手臂的每个连杆上固定一个连杆坐标系，然后对这些坐标系之间的关系进行描述。

4.1.1　NAO 机器人手臂结构分析

NAO 手臂具有 5 个自由度，肩膀处有俯仰和横滚两个自由度，肘部具有偏转和横滚两个自由度，腕部具有偏转一个自由度。其中，Pitch 表示俯仰，绕 x 轴旋转；Yaw 表示偏转，绕 y 轴旋转；Roll 表示横滚，绕 z 轴旋转，其左臂结构图如图 4-1 所示。

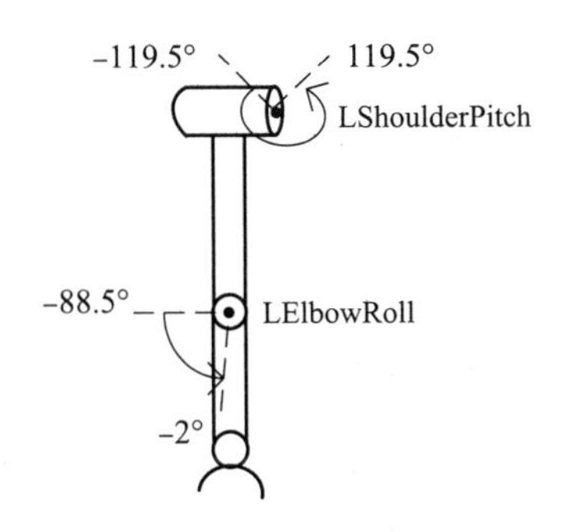

图 4-1　NAO 机器人左臂自由度

4.1.2　NAO 机器人手臂运动学模型

D-H 法是描述机器人运动参数的经典运动学模型，变换矩阵由 α，a，θ，d 这 4 个参数来描述。NAO 机器人手臂尺寸如图 4-2 所示，LelbowYaw 和 LWristYaw 两个关节的旋转方式只影响机器人手臂末端的位姿，而对机器人手臂在三维空间的位置并不产生影响，所以忽略这两个旋转关节，LShoulderRoll 在本文研究中不考虑。

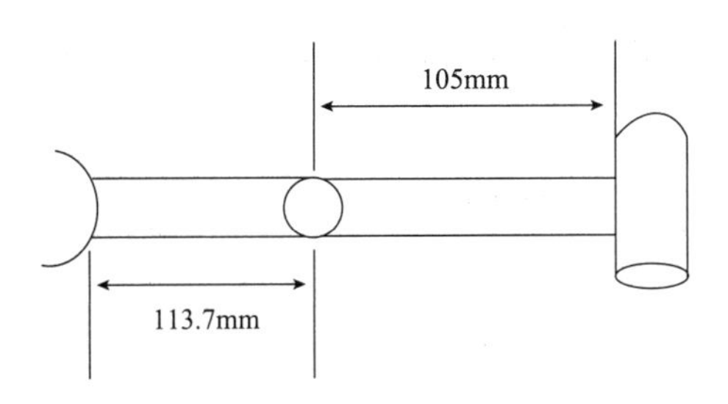

图 4-2　NAO 机器人手臂尺寸

以机器人躯干为基座坐标系，可以得到 NAO 机器人左手臂的运动学 D-H 参数见表 4-1。

表 4-1　NAO 左臂运动学 DH 参数

左手臂关节名称	α_i	α_i	θ_i	d_i
LShoulderPitch	π /2	α_1	θ_1	0
LElbowRoll	0	α_2	θ_2	0.993

根据以上运动学 D-H 模型参数求 NAO 机器人手臂运动学方程，获得在关节空间中 NAO 手臂末端执行器的位置与各个关节角度大小之间的关系。

从坐标系 i 到坐标系 i-1 的变换矩阵是一个只与关节变量 θ_i 有关的函数，通过以下齐次变换矩阵来构建正运动学方程。

$$
{}^{i-1}_{i}T(q_i)=\begin{bmatrix} \cos\theta_i & -\sin\theta_i\cos\alpha_i & \sin\theta_i\sin\alpha_i & a_i\cos\theta_i \\ \sin\theta_i & \cos\theta_i\cos\alpha_i & -\cos\theta_i\sin\alpha_i & a_i\sin\theta_i \\ 0 & \sin\alpha_i & \cos\alpha_i & d_i \\ 0 & 0 & 0 & 1 \end{bmatrix} \tag{4-1}
$$

则 NAO 机器人手臂正运动学方程为：

$$
{}^{0}_{2}T={}^{0}_{1}T\,{}^{1}_{2}T=\begin{bmatrix} \mathrm{c}\theta_1\mathrm{c}\theta_2 & -\mathrm{c}\theta_1\mathrm{s}\theta_2 & \mathrm{s}\theta_1 & a_2\mathrm{c}\theta_1\mathrm{c}\theta_2+a_1\mathrm{c}\theta_1 \\ \mathrm{s}\theta_1\mathrm{c}\theta_2 & -\mathrm{s}\theta_1\mathrm{s}\theta_2 & -\mathrm{c}\theta_1 & a_2\mathrm{s}\theta_1\mathrm{c}\theta_2+a_1\mathrm{s}\theta_1 \\ \mathrm{s}\theta_2 & \mathrm{c}\theta_2 & 0 & a_2\mathrm{s}\theta_2 \\ 0 & 0 & 0 & 1 \end{bmatrix} \tag{4-2}
$$

式中，c 为 cos，s 为 sin。转换为机器人的坐标，可知机器人手臂末端执行器在机器人坐标的位置为：

$$
\begin{cases} x=a_2\mathrm{s}\theta_2 \\ y=a_2\mathrm{s}\theta_1\mathrm{c}\theta_2+a_1\mathrm{s}\theta_1 \\ z=a_2\mathrm{c}\theta_1\mathrm{c}\theta_2+a_1\mathrm{c}\theta_1 \end{cases} \tag{4-3}
$$

利用几何方法求逆运动学，已知末端执行器的位置 P（x，y，z），则关节变量为：

$$
\begin{cases} \theta_1=\arccos\left[\dfrac{z-y}{\sqrt{2}(a_1\pm\sqrt{a_2^2-x^2})}\right]-\dfrac{\pi}{4} \\ \theta_2=\arcsin\left(\dfrac{x}{a_2}\right) \end{cases} \tag{4-4}
$$

式中，$\theta_2>0$ 取负号，$\theta_2<0$ 取正号。

4.2 NAO 机器人手臂动力学建模

对于任何一个控制系统来说，要想对这个系统进行控制，就必须建立与其相对应的被控对象的数学模型。常规的机械臂是由很多关节组成的，是一个具有强耦合性的复杂系统，其动力学方程是非线性的，而且随着自由度的增多其动力学方程会越来越复杂。研究机器人的动力学问题，主要就是解决对机器人的控制问题。研究机器人动力学的主要方法有牛顿 – 欧拉法、拉格朗日法、凯恩法等。牛顿 – 欧拉法是对机器人的每个关节构建牛顿 – 欧拉方程，推导过程复杂，计算量较大，过于依赖坐标系。拉格朗日法由于不考虑内在约束力，更有利于分析较复杂的机器人动力学。

为了方便 NAO 机器人手臂的动力学公式的推导，将 5-DOF 的手臂简化为 2-DOF，则 NAO 机器人左手臂结构参数见表 4-2。简化后的 NAO 机器人左臂模型如图 4-3 所示，质量分别为 m_1、m_2，长度分别为 a_1、a_2，连杆质心位置分别为 C_1、C_2，它们与关节轴心的距离是 l_1 和 l_2，广义坐标系向量为 $\boldsymbol{q}=[\theta_1\ \theta_2]$。

表 4-2　NAO 左臂参数

左手臂	质量 /kg	长度 /m	活动范围 / °
上臂	0.2226（m_1）	0.105（a_1）	-119.5 ~ 119.5
下臂	0.26294（m_2）	0.1137（a_2）	-88.5 ~ -2

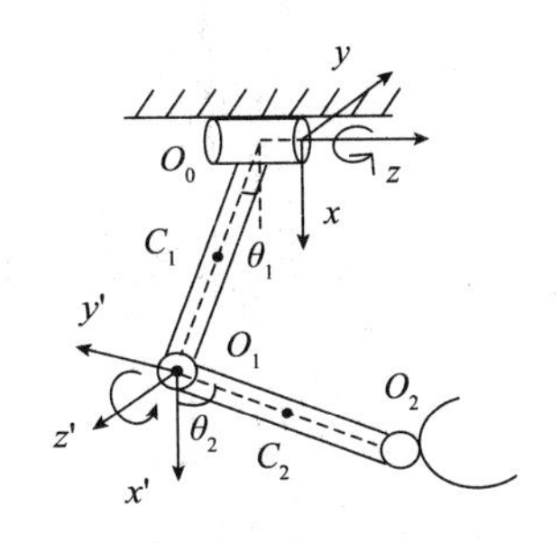

图 4-3　两自由度 NAO 手臂模型

根据第 3 章所述内容，动力学方程为：

$$M(q)\ddot{q}+C(q,\dot{q})\dot{q}+G(q)=\tau \tag{4-5}$$

对所设坐标系，计算手臂雅克比矩阵为：

$$\boldsymbol{J}_v^{l_1}=\begin{bmatrix}-l_1\mathrm{s}\theta_1 & 0\\ l_1\mathrm{c}\theta_1 & 0\\ 0 & 0\end{bmatrix},\ \boldsymbol{J}_v^{l_2}=\begin{bmatrix}-a_1\mathrm{s}\theta_1-l_2\mathrm{s}\theta_1\mathrm{c}\theta_2 & -l_2\mathrm{c}\theta_1\mathrm{s}\theta_2\\ a_1\mathrm{c}\theta_1+l_2\mathrm{c}\theta_1\mathrm{c}\theta_2 & -l_2\mathrm{s}\theta_1\mathrm{s}\theta_2\\ 0 & -l_2\mathrm{c}\theta_2\end{bmatrix} \tag{4-6}$$

$$\boldsymbol{J}_\omega^{l_1}=\begin{bmatrix}\mathrm{s}\theta_1 & 0\\ -\mathrm{c}\theta_1 & 0\\ 0 & 0\end{bmatrix},\ \boldsymbol{J}_\omega^{l_2}=\begin{bmatrix}\mathrm{s}\theta_1 & \mathrm{s}\theta_1\\ -\mathrm{c}\theta_1 & -\mathrm{c}\theta_1\\ 0 & 0\end{bmatrix} \tag{4-7}$$

则质量矩阵为：

$$\boldsymbol{M}(q)=\begin{bmatrix}M_{11} & M_{12}\\ M_{21} & M_{22}\end{bmatrix} \tag{4-8}$$

把这个模型当成简单的两连杆模型，其惯性力矩为零，则式中，

$$\boldsymbol{M}_{11}=m_1l_1^2+m_2(l_2\mathrm{c}\theta_2+a_1)^2 \tag{4-9}$$

$$M_{12}=M_{21}=0 \tag{4-10}$$

$$M_{22}=m_2l_2^2 \tag{4-11}$$

矩阵 $\boldsymbol{C}$ 为：

$$\boldsymbol{C}(q,\dot{q})=\begin{bmatrix} c_{111} & c_{122} \\ c_{211} & c_{222} \end{bmatrix} \tag{4-12}$$

根据克里斯托费尔符号得：

$$c_{111}=\frac{1}{2}\frac{\partial M_{11}}{\partial \theta_1}=0 \tag{4-13}$$

$$c_{122}=\frac{\partial M_{12}}{\partial \theta_2}-\frac{1}{2}\frac{\partial M_{22}}{\partial \theta_1}=0 \tag{4-14}$$

$$c_{211}=\frac{\partial M_{21}}{\partial \theta_1}-\frac{1}{2}\frac{\partial M_{11}}{\partial \theta_2}=m_2l_2^2\mathrm{c}\theta_2\mathrm{s}\theta_2+m_2a_1l_2\mathrm{s}\theta_2 \tag{4-15}$$

$$c_{222}=\frac{1}{2}\frac{\partial M_{22}}{\partial \theta_2}=0 \tag{4-16}$$

然后计算重力项 G（q），因为$\boldsymbol{g}_0=\begin{bmatrix}-g & 0 & 0\end{bmatrix}^{\mathrm{T}}$，可得：

$$g_1=-(m_1l_1+m_2a_1)g\mathrm{s}\theta_1-m_2gl_2\mathrm{s}\theta_1\mathrm{c}\theta_2 \tag{4-17}$$

$$g_2=-m_2ga_1\mathrm{s}\theta_1-m_2gl_2\mathrm{s}\theta_1\mathrm{c}\theta_2 \tag{4-18}$$

式（4-5）对应的机器人手臂模型具备以下性质：

（1）线性阻尼矩阵 $\boldsymbol{M}$ 是对角正定矩阵。此质量矩阵对称正定且有界，即：

$$0<\lambda_m\leqslant\|\boldsymbol{M}(q)\|\leqslant\lambda_M \tag{4-19}$$

λ_m 和 λ_M 为 $\boldsymbol{M}$（q）的最小和最大特征值。

（2）$\dot{\boldsymbol{M}}(q)-2\boldsymbol{C}(q,\dot{q})$为反对称矩阵，即为：

$$\dot{q}^{\mathrm{T}}[\dot{M}(q)-2C(q,\dot{q})]\dot{q}=0 \tag{4-20}$$

4.3 NAO 机器人手臂 PD 控制及其仿真

当机器人手臂的结构及参数确定时，可以通过运动学及动力学模型描述系统完整的动态特性，从而应用各种控制方法，设计基于模型的控制器，实现机器人的轨迹跟踪控制，使得机器人的位置、速度以及加速度等变量具有理想的跟踪状态。常用的控制方法有 PID 控制、自适应控制、鲁棒控制、神经网络控制和模糊控制等。

运用 PD 控制器解决实际控制问题是最常见的方案，相对来说使用方便，动态偏差小。忽略重力和外加干扰，采用独立的 PD 控制策略，NAO 机器人的动力学模型为：

$$M(q)\ddot{q}+C(q,\dot{q})\dot{q}=\tau \tag{4-21}$$

独立的 PD 控制律为：

$$\tau=K_p e+K_v\dot{e} \tag{4-22}$$

$$e=q_d-q \tag{4-23}$$

式中，K_p 为位置增益，K_v 为速度增益，位置误差为 e，速度误差为$\dot{e}$，q_d 为期望位置，则：

$$\dot{q}_d=\ddot{q}_d=0 \tag{4-24}$$

将式（4–24）代入机器人方程为：

$$M(q)(\ddot{q}_d-\ddot{q})+C(q,\dot{q})(\dot{q}_d-\dot{q})+K_v\dot{e}+K_p e=0 \tag{4-25}$$

$$M(q)\ddot{e}+C(q,\dot{q})\dot{e}+K_v\dot{e}+K_p e=0 \tag{4-26}$$

令：

$$V=\frac{1}{2}\dot{e}^{\mathrm{T}}M(q)\dot{e}+\frac{1}{2}e^{\mathrm{T}}K_p e \tag{4-27}$$

根据上述模型性质可得：

$$\dot{V}=\dot{e}^{\mathrm{T}}M(q)\ddot{e}+\frac{1}{2}\dot{e}^{\mathrm{T}}\dot{M}(q)\dot{e}+\dot{e}^{\mathrm{T}}K_p e \tag{4-28}$$

$$\dot{e}^{\mathrm{T}}\dot{M}(q)\dot{e}=2\dot{e}^{\mathrm{T}}C(q)\dot{e} \tag{4-29}$$

则式（4–28）可写为：

$$\dot{V}=\dot{e}^{\mathrm{T}}M(q)\ddot{e}+\dot{e}^{\mathrm{T}}C(q)\dot{e}+\dot{e}^{\mathrm{T}}K_p e \tag{4-30}$$

$$\dot{V}=\dot{e}^{\mathrm{T}}[M(q)\ddot{e}+C(q)\dot{e}+K_p e] \tag{4-31}$$

$$\dot{V}=-\dot{e}^{\mathrm{T}}K_v e \text{ 且 } \dot{V}\leqslant 0 \tag{4-32}$$

当且仅当$\dot{e}=0$时，$\dot{V}=0$。即当$\dot{V}\equiv 0$时，$\dot{e}\equiv 0$，从而$\ddot{e}\equiv 0$，代入式（4–32）可得，$e\equiv 0$。根据拉萨尔不变原理，闭环系统渐进稳定，当$t\to\infty$时，$e\to 0$，$\dot{e}\to 0$。K_d决定了统的收敛速度。

在 Simulink 中对被控对象 NAO 机器人手臂建立 PD 控制仿真模型，仿真控制框图如图 4–4 所示。

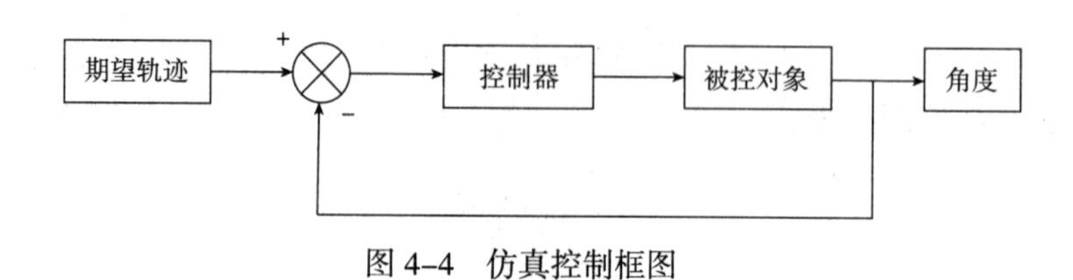

图 4–4　仿真控制框图

根据 LShoulderPitch 的活动范围为 −119.5° ~ 119.5°，LElbowRoll 为 −88.5° ~ −2°，令期望角度为 q_{1d}=0.664π sin（2πt+π/3），q_{2d}=0.49π $\cos^2$（2πt），则独立 PD 控制下关节位置跟踪仿真结果如图 4–5 所示，力矩仿真结果如图 4–6 所示。

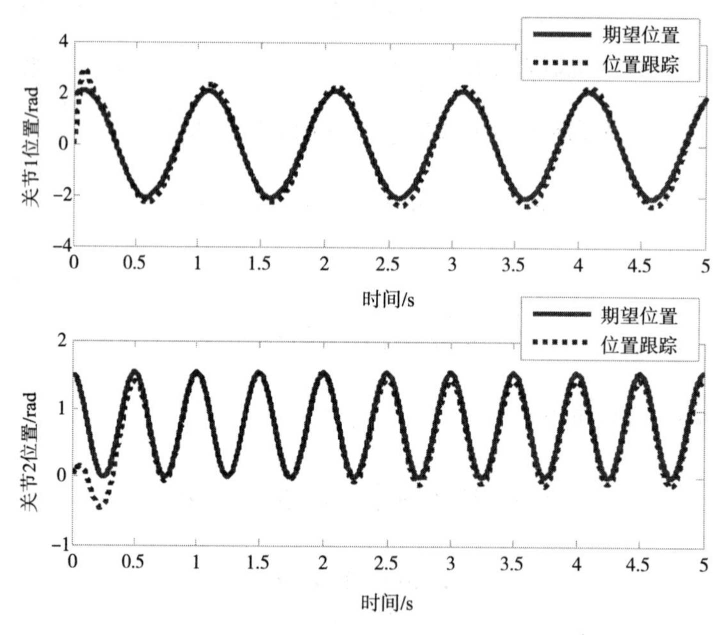

图 4–5　关节位置跟踪仿真效果

以上为独立 PD 控制，在没有扰动和干扰的情况下具有较好的跟踪输入能力，LShoulderPitch 和 LElbowRoll 两关节的角度跟踪曲线看起来比较光滑，误差较小，前者有明显超调现象，两关节所对应的力矩在 0.4s 左右趋于稳定，有较小浮动。独立的 PD 控制只能作为基础来考虑分析，但对它的分析是有重要意义的，对后续优化的

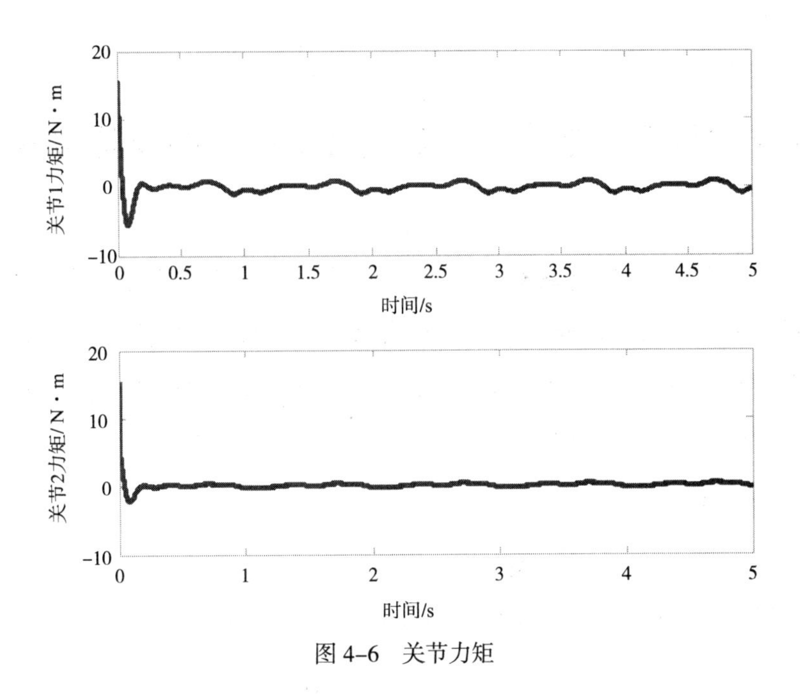

图 4–6　关节力矩

控制策略来说是基础。

完全不受外力没有任何干扰的系统是不存在的，更何况 NAO 机器人这种多自由度结构的系统。2s 后加入阶跃扰动信号后，关节位置跟踪效果明显不理想，仿真结果如图 4–7 所示。

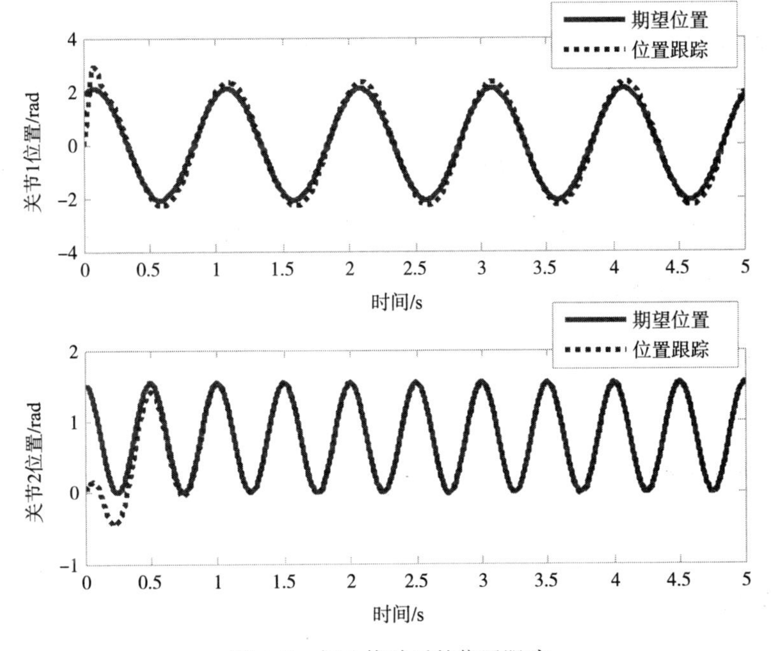

图 4–7　加入扰动后的位置跟踪

4.4 NAO 机器人手臂自适应 PD 控制及其仿真

本文的研究对象 NAO 机器人手臂，其动力学模型是非线性的，独立的 PD 控制忽略了系统中非线性因素影响，并且 NAO 机器人复杂的手臂结构也让模型充满了不确定性。鲁棒自适应 PD 控制器是将非线性 PD 控制和自适应反馈控制结合，采用此控制算法可使控制系统获得较好的性能。

NAO 机器人手臂动态性能的二阶非线性微分方程为：

$$M(q)\ddot{q}+C(q,\dot{q})\dot{q}+G(q)+\omega=\tau \tag{4-33}$$

根据上述手臂模型性质，存在正数 m_1、m_2 满足如下不等：

$$m_1\|x\|^2<\lambda_m\leqslant x^{\mathrm{T}}M(q)x\leqslant m_2\|x\|^2 \tag{4-34}$$

同时还存在一个依赖于机械手参数的参数向量，使得 $M(q)$, $C(q,\ \dot{q})$, $G(q)$ 满足：

$$M(q)\vartheta+C(q,\dot{q})\rho+G(q)=\boldsymbol{\Phi}(q,\dot{q},\rho,\vartheta)\boldsymbol{p} \tag{4-35}$$

式中，$\boldsymbol{\Phi}(q,\dot{q},\rho,\vartheta)\in R^{n\times m}$ 是关节变量的回归矩阵，它是机器人广义坐标及其各阶导数的已知函数矩阵，$\boldsymbol{p}$ 是描述机器人质量特性的常数向量。另外还需假设期望关节变量 q_d 的一阶导数和二阶导数都存在，以及误差和扰动 ω 的范数满足：

$$\|\omega\|\leqslant d_1+d_2\|e\|+d3\|\dot{e}\| \tag{4-36}$$

式中，d_1、d_2、d_3 分别为正常数，跟踪误差为 $e=q-q_d$。

分别引入变量 y 和 $\dot{q}_r$，令：

$$y=\dot{e}+\gamma e \tag{4-37}$$

$$\dot{q}_r=\dot{q}_d-\gamma e \tag{4-38}$$

式中，常数 $\gamma>0$，则：

$$y=\dot{q}-\dot{q}_r \tag{4-39}$$

取 $\vartheta=\ddot{q}_r$，$\rho=\dot{q}_r$，得：

$$M(q)\ddot{q}_r+C(q,\dot{q})\dot{q}_r+G(q)=\boldsymbol{\Phi}(q,\dot{q},\dot{q}_r,\ddot{q}_r)\boldsymbol{p} \tag{4-40}$$

在误差扰动信号的上确界已知的情况下，保证系统全局稳定的控制器的自适应律为：

$$\tau = -K_p e - K_v \dot{e} + \boldsymbol{\Phi}\left(q, \dot{q}, \dot{q}_r, \ddot{q}_r\right)\hat{P} + u \tag{4-41}$$

式中：

$$\boldsymbol{u} = \left[u_1 \cdots u_u\right]^{\mathrm{T}}, u_i = -\left(d_1 + d_2\|e\| + d_3\|\dot{e}\|\right)\operatorname{sgn}(y_i) \tag{4-42}$$

期望角度与 PD 控制所设相同，则自适应 PD 控制下关节位置和速度 Simulink 仿真图如图 4-8、图 4-9 所示。

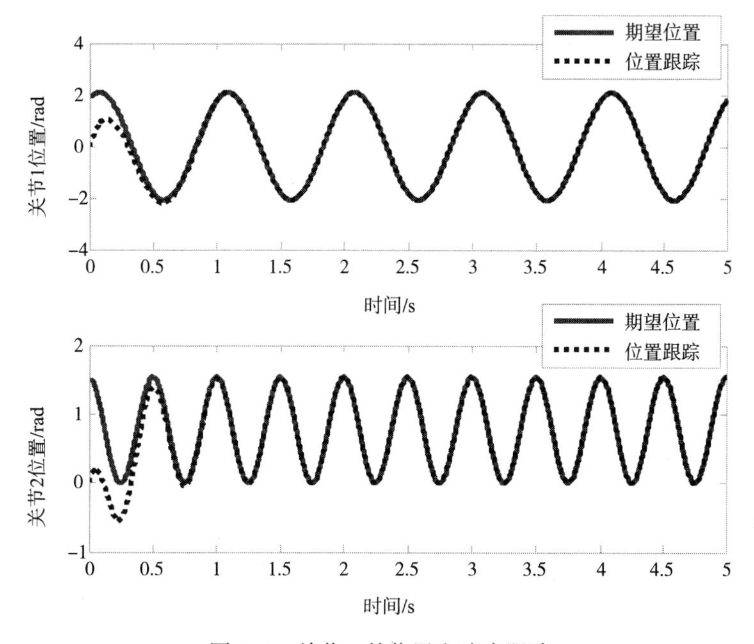

图 4-8　关节 1 的位置和速度跟踪

从图 4-8 中可以看出关节 1 位置跟踪再加上自适应反馈后比独立 PD 控制的跟踪效果要好，响应速度较快，0.2s 后就能跟踪上，关节 1 的速度在最开始时有抖动，后期逐渐稳定。图 4-9 中关节 2 开始震荡调节，0.7s 后逐渐稳定，速度跟踪在最开始也较差，随后能够满足期望速度。

在此控制策略下，加入同样的扰动后，仿真结果如图 4-10 所示，2s 时关节位置跟踪并没有发生明显变化，比较得出自适应 PD 控制能够满足 NAO 机器人手臂控制精度要求。

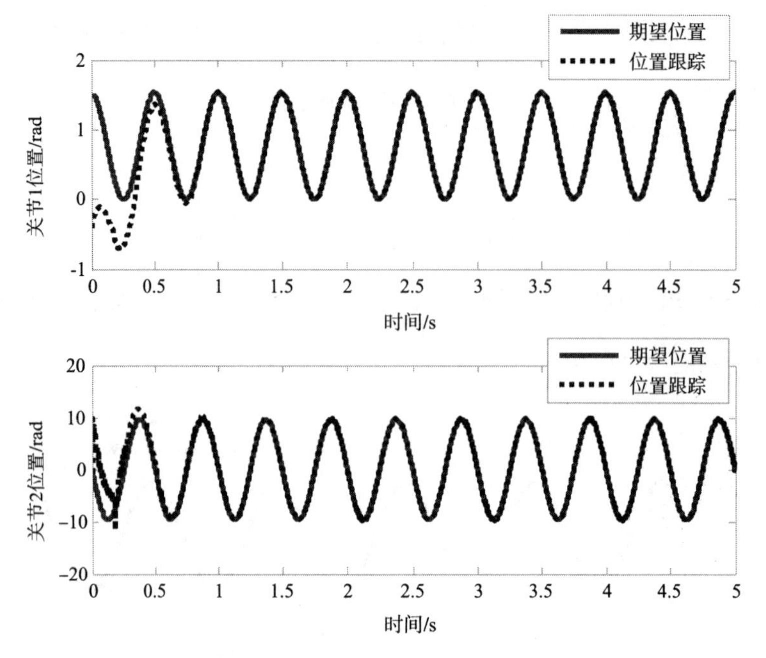

图 4-9　关节 2 的位置和速度跟踪

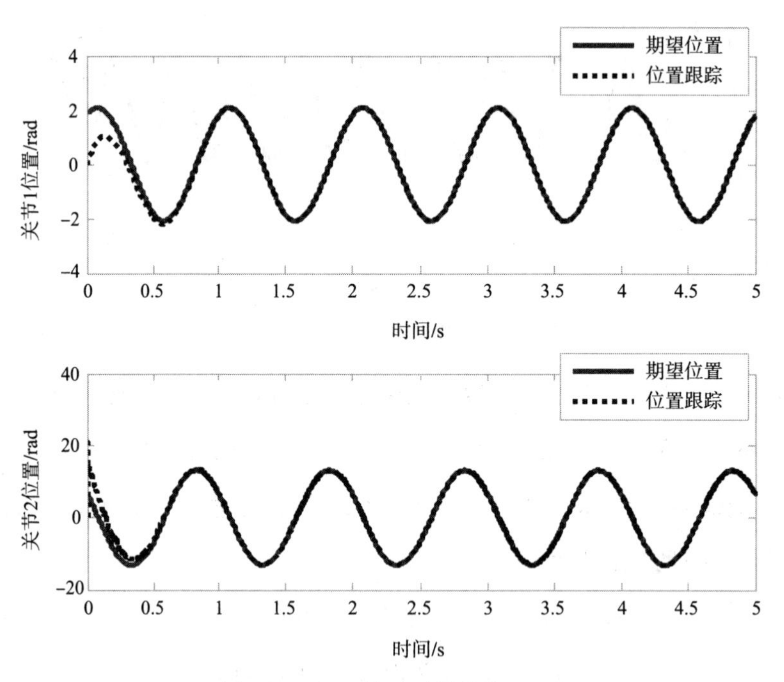

图 4-10　加入扰动后关节位置跟踪

4.5　基于重力补偿的 NAO 机器人手臂 PD 控制及其仿真

4.5.1　添加重力项的 PD 控制模型

考虑重力项$G(q)$但忽略干扰的情况下，NAO 手臂动力学方程模型变为：

$$\tau = D(q)\ddot{q} + H(q,\dot{q})\dot{q} + G(q) \tag{4-43}$$

根据表 4-1 给出的数据，可以对$D(q)$、$H(q,\dot{q})$和$G(q)$这三个矩阵进行数值运算得到，$D(q)$和$H(q,\dot{q})$已经在前一节计算过：

$$G(q) = \begin{bmatrix} b_1 \sin\theta_1 + b_2 \sin(\theta_1 + \theta_2) \\ b_2 \sin(\theta_1 + \theta_2) \end{bmatrix} \tag{4-44}$$

式中：

$$\boldsymbol{B} = [b_1, b_2]^{\mathrm{T}} = [(m_1 d_1 + m_2 l_1)g, m_2 d_2 g]^{\mathrm{T}} = [0.358, 0.183]^{\mathrm{T}} \tag{4-45}$$

4.5.2　具有重力补偿的 PD 控制策略与稳定性分析

当考虑重力项$G(q)$的情况下，采取基于重力补偿的 PD 控制可以实现 NAO 转角的控制。设n关节机械臂对应的动力学模型为式（4-43），式中$G(q)$为重力项。

基于重力补偿的 PD 控制律为：

$$\tau = K_p e + K_d \dot{e} + G(q) \tag{4-46}$$

式中，取$e = q_r - q$，作为跟踪误差，即关节转角误差。

此时，机器人方程为：

$$D(q)(\ddot{q}_r - \ddot{q}) + H(q,\dot{q})(\dot{q}_r - \dot{q}) + G(q) = K_p e + K_d \dot{e} + G(q) \tag{4-47}$$

即：

$$D(q)\ddot{e} + H(q,\dot{q})\dot{e} + K_p e + K_d \dot{e} = 0 \tag{4-48}$$

以下步骤的 Lyapunnov 函数的建立和稳定性分析同手臂 PD 控制相同，在此不再作阐述。

4.5.3 具有重力补偿的 PD 控制器设计

由 4.5.1 节可知 NAO 手臂的 Euler-Lagrange 动力学表达式如式（4-49）所示，NAO 手臂的基于重力补偿 PD 控制的原理如图 4-11 所示。

$$\tau = D(q)\ddot{q} + H(q,\dot{q})\dot{q} + G(q) \tag{4-49}$$

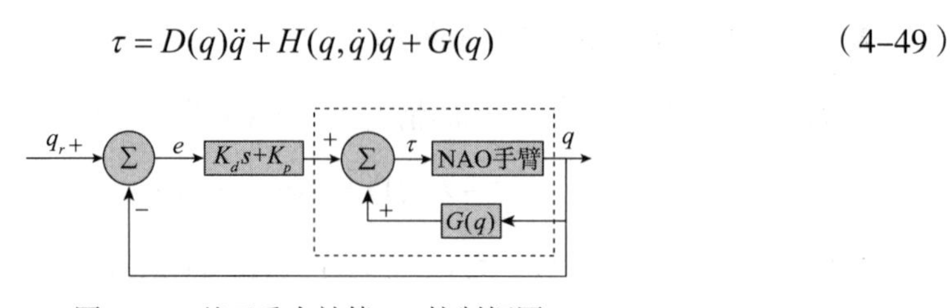

图 4-11 基于重力补偿 PD 控制框图

4.5.4 添加重力项的 PD 控制仿真结果与分析

对图 4-5 的 Simulink 仿真设计稍作改变，即在被控对象 con_plant 模块中添加重力项 $G(q)$，但却对控制器不添加 $G(q)$ 项的补偿。依正弦类转角变化的 PD 控制时，按照 NAO 手臂的转角范围是 $\theta_1(-119.5° \sim 119.5°)$，$\theta_2(-2° \sim 88.5°)$，在变角度控制时，设计参考输入转角函数为 $q_{r1} = 0.664\pi\sin\left(2\pi t + \dfrac{\pi}{3}\right)$，$q_{r2} = 0.49\pi\cos^2(2\pi t)$；控制器参数值分别为 $K_p = [10\ 0; 0\ 5]$，$K_d = [0.1\ 0; 0\ 0.1]$。

图 4-12 和图 4-13 的结果表明，设计的期望输入值是 NAO 机器人手臂的转动范围固定的情况下，机器人手臂 2 个关节的跟踪能力不好，尤其是关节 1 的响应滞后

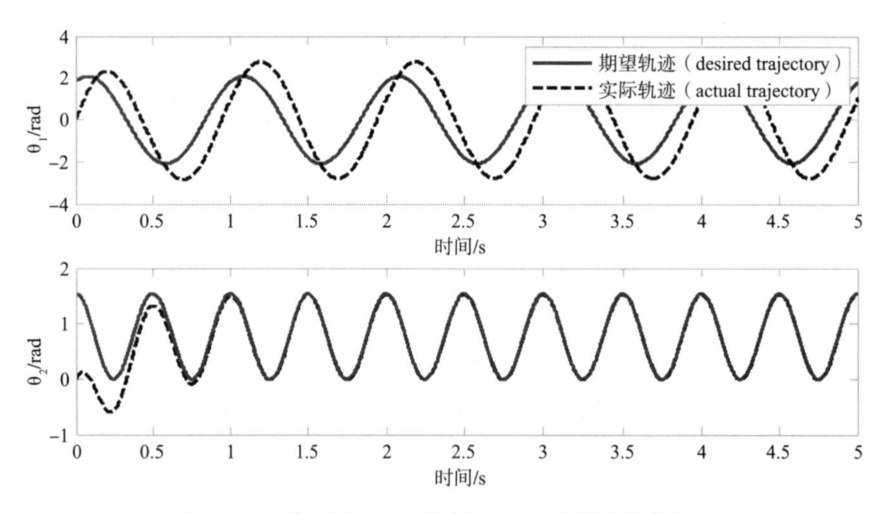

图 4-12 添加重力项 PD 控制的 NAO 手臂变转角轨迹

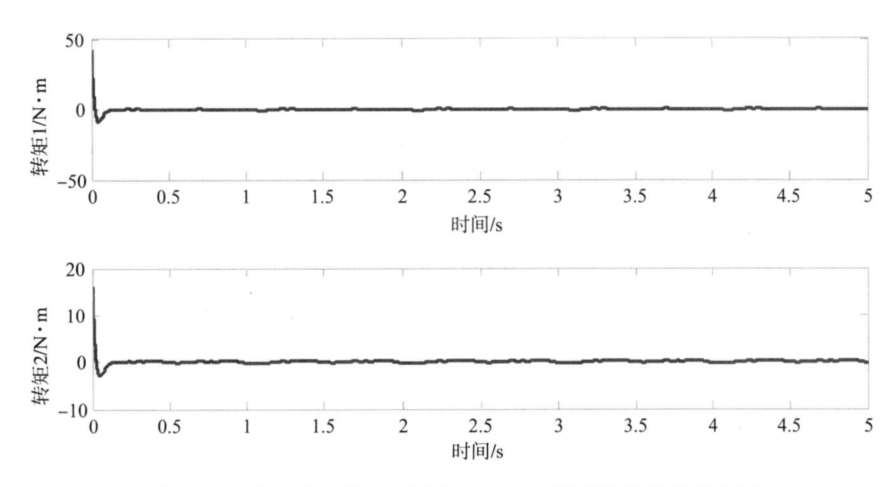

图 4-13　添加重力项 PD 控制的 NAO 手臂变转角的控制力矩

0.2s，响应速度较慢而且系统超调现象明显，超调 0.7rad，关节对应驱动力矩的初始值较小，在 0.0N·M 的附近极小范围波动，不能够满足 NAO 机器人手臂期望输入值不断变化条件下控制精度要求。

4.5.5　具有重力补偿的 PD 控制仿真结果与分析

依正弦类转角变化的 NAO 手臂得基于重力补偿 PD 控制：在变角度控制时（图 4-14），设计参考输入转角函数为 $q_{r1}=0.664\pi\sin\left(2\pi t+\dfrac{\pi}{3}\right)$，$q_{r2}=0.49\pi\cos^2(2\pi t)$；控制器参数值分别为 $K_p=[20\ 0;0\ 10]$，$K_d=[5\ 0;0\ 4]$。

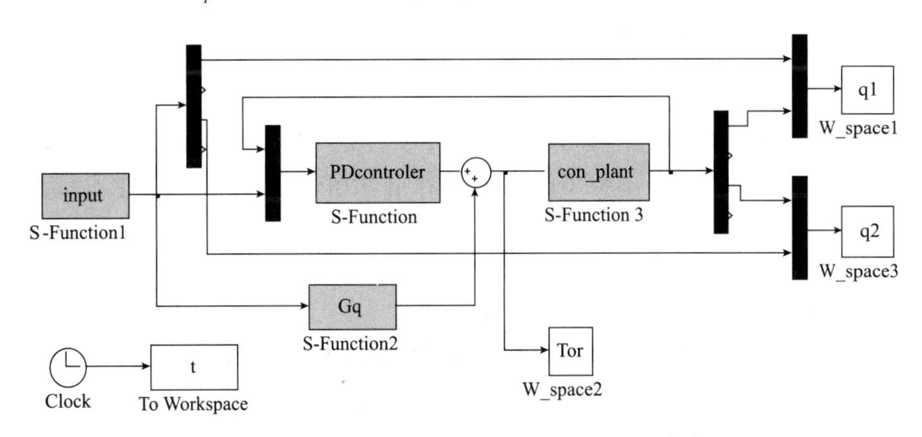

图 4-14　基于重力补偿的 PD 控制 Simulink 仿真

图 4-15 和图 4-16 的结果表明，设计的期望输入值是 NAO 机器人手臂的转动范围固定的情况下，机器人手臂 2 个关节的跟踪能力较好，响应速度较好，而且系统超

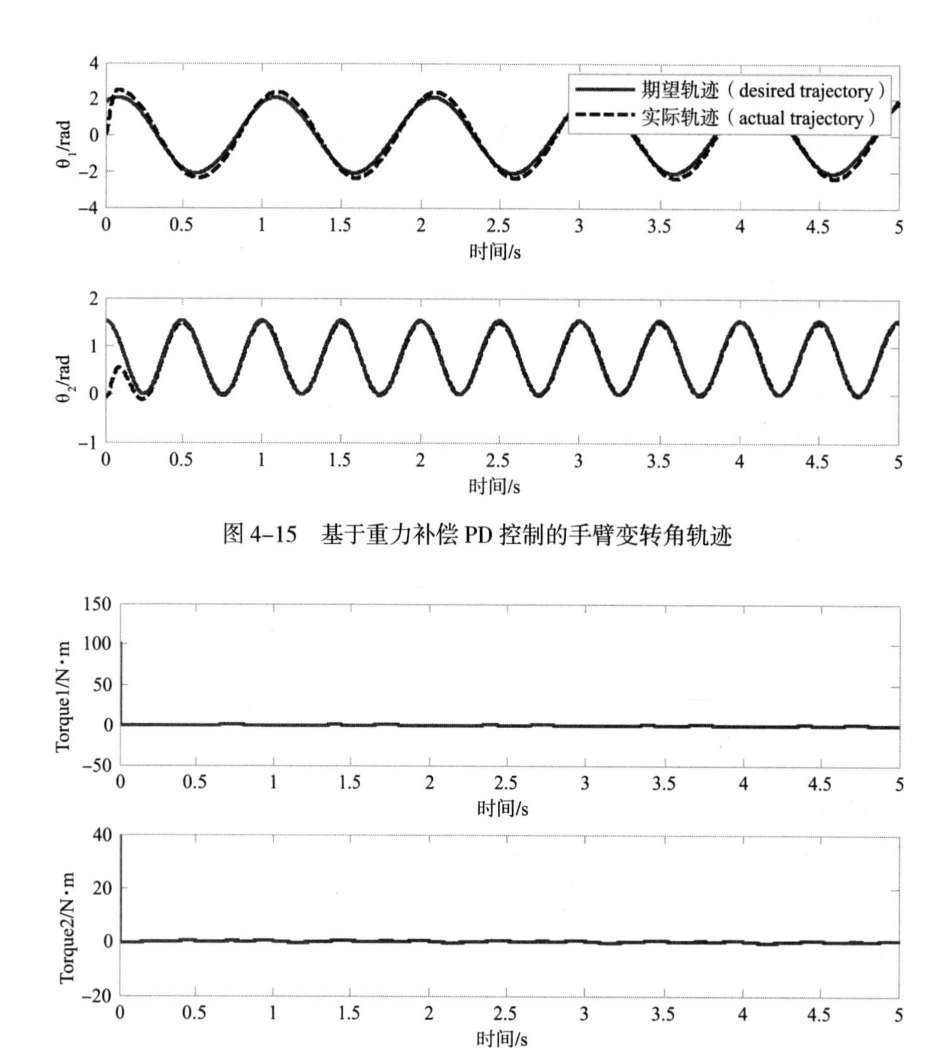

图 4-15　基于重力补偿 PD 控制的手臂变转角轨迹

图 4-16　基于重力补偿 PD 控制的手臂变控制力矩

调现象较小，关节 1 超调值为 0.29rad；关节对应驱动力矩的初始值较小，在 0.0 N·m 的附近极小范围波动，能够满足 NAO 机器人手臂期望输入值不断变化条件下控制精度要求。

4.5.6　添加重力项的 NAO 手臂模型的两种控制结果对比分析

图 4-17 的结果表明，设计的期望输入值是 NAO 机器人手臂的转动范围固定的情况下，NAO 手臂 2 个关节的跟踪控制中，与具有重力补偿的手臂 PD 控制相较，对添加重力项的手臂模型进行 PD 控制但不进行补偿的跟踪效果相对不好，响应滞后（关节 1 的相对滞后为 0.2s，关节 2 的相对滞后为 0.4s），响应速度慢而且系统超调现

象明显（关节 1 相对超调 0.5rad）；比较得出具有重力补偿的手臂 PD 控制能够满足 NAO 手臂期望输入值不断变化条件下控制精度要求。

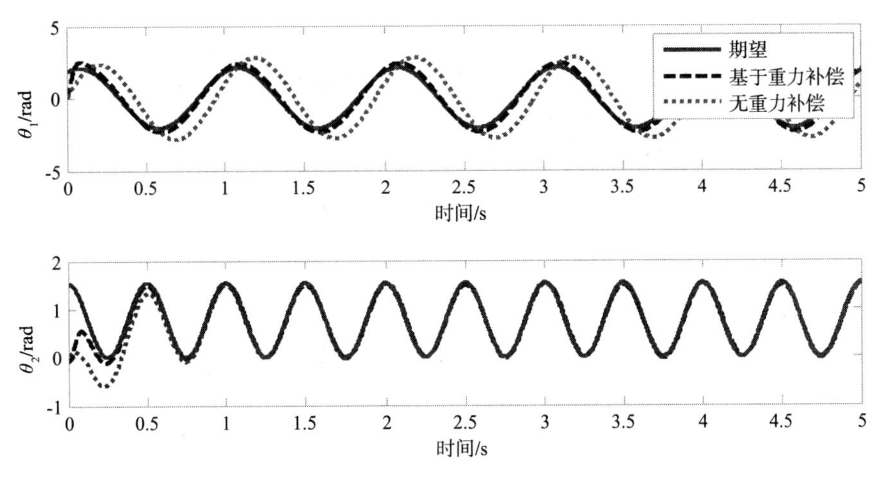

图 4-17　添加重力项的 NAO 手臂模型的两种控制结果对比图

4.6　本章小结

本章建立了 NAO 机器人手臂运动学和动力学模型，并对其进行分析，得出机器人手臂正、逆运动学方程以及雅可比矩阵。随后分别用 PD 控制策略、自适应 PD 控制策略、基于重力补偿的 PD 控制策略设计出控制器，并进行 Simulink 仿真。PD 控制策略运用比较普遍，但是控制效果一般，自适应 PD 控制是在 PD 控制的基础上加入自适应控制进行补偿，比较得出自适应 PD 控制能够满足 NAO 机器人手臂控制精度要求。在此基础上，在 Smulink 中运用 S-Function 模块进行被控对象—手臂和对应 PD 控制器的模块化建立；再次添加重力项，实现基于重力补偿的 NAO 手臂 PD 控制，其中包括规整控制规律及阐明其稳定性，再在 Smulink 中运用 S-Function 模块进行 NAO 手臂控制对象和基于重力补偿的 PD 控制器的模块建立。最后进行仿真实验，将期望转角值与控制对象输出值进行对比分析。

第 5 章　基于目标识别的机器人手臂轨迹规划

5.1　NAO 机器人视觉系统

5.1.1　NAO 机器人的摄像头

本文中 NAO 机器人是 H25 版本的，头部有两个摄像头，但是实现不了立体视觉，一个在前额为 TopCamera，一个在嘴部为 BottomCamera，如图 5-1、图 5-2 所示。TopCamera 和 BottomCamera 的竖直视角范围均为 47.64°，水平视角范围均为 60.97°，上下摄像头夹角为 39.7°。摄像头 30 帧 /s 可高达 1280 × 960 的分辨率。NAO 机器人内部封装的 API 可以实现对机器人的各种控制，包括运动、视觉、听觉，其中还包含了 OpenCV 库等一些成熟算法的封装，将编好的程序经过调试后，与 Cmake 进行交叉编译后才能在机器人上运行。

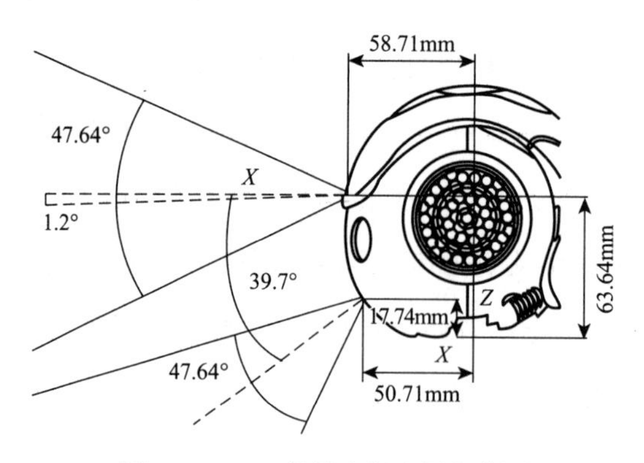

图 5-1　NAO 机器人竖直视角范围

NAO 机器人属于先观察再行动类型的机器人，要获取图像的目标定位，机器人必须先停止，在识别地标的情况下只有一个摄像头起作用。利用 NAO 机器人的视觉，需要注意的问题有两点，其一是由于 NAO 机器人相机的分辨率，选择合适大小的地标是非常重要的，其二是工作环境中光照条件变化的影响，会使机器人识别不出来地标或读取地标信息错误。

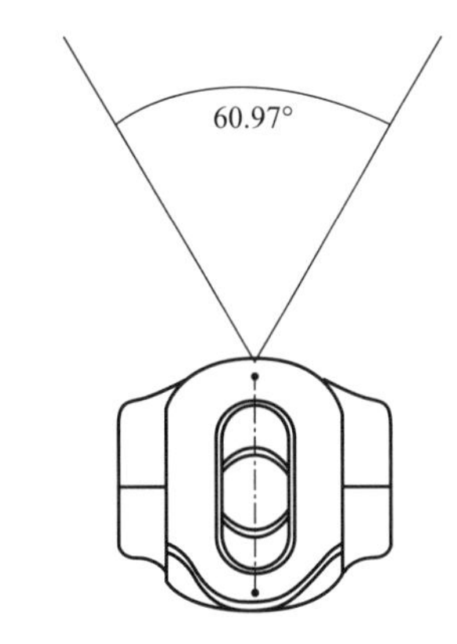

图 5-2　NAO 机器人水平视角范围

5.1.2　NaoMarks

NaoMarks 是一个具有特定视觉图案的地标如图 5-3 所示，它是一个黑色圆圈其中有围绕中心的白色扇形，中心圆圈的数字是 MarkID，用来区别不同扇形位置的 NaoMarks。Aldebaran 已经实现了 NaoMarks 的识别和解码算法，并在 NAOqi SDK 中可用，属于 ALLandMarkDetection 视觉模块。本文中就利用 NaoMarks 来对目标物体进行识别，获取目标的位置信息。NAO 机器人基于视觉目标识别实验是在室内环境中进行，需要照明的亮度为 100~500 勒克斯，这样的环境明亮程度可以排除光线对 NaoMarks 识别的影响。对于 NAO 机器人而言，只要将 NaoMarks 放在目标物体上，然后将目标物体放在 NAO 机器人视野范围内的不同位置，把直接寻找目标物体的任务便可简化为搜索 NaoMarks，获取目标物的位置。

图 5-3　NaoMarks

NaoMarks 到摄像头的距离是根据测量的角直径来计算的。距离 D（从摄像头到地标）是利用式（5-1）计算出来的，其中 d 是角直径的实际值，δ 是从给定视角描述圆有多大的角度值，这个公式如图 5–4 所示。然后通过坐标变换，得到目标物到摄像头的距离。

$$D = \frac{d}{2\tan(\delta/2)} \tag{5-1}$$

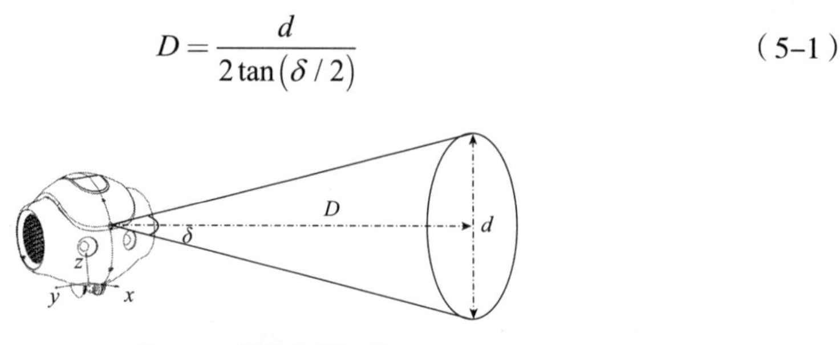

图 5–4　摄像头到地标

确定目标物方位实际上就是得到物体相对于机器人的位置，而用 NaoMarks 定位实际上得到的位置是相对于机器人摄像头的。而研究机器人手臂是上末端执行器即左手的轨迹规划，还需通过坐标变换得到其间的相对位置，因此确定机器人的坐标系是很重要的。

5.1.3　NAO 机器人的坐标系

当为 NAO 机器人创建命令时，需要非常注意放置用于定义命令的空间，因为空间中的错误可能导致灾难性的结果。对于 NAO 机器人来说，有三个空间如图 5–5 所示，分别是 FRAME_TORSO，FRAME_ROBOT，FRAME_WORLD。

（1）FRAME_TORSO：这个空间是以机器人躯干为参考坐标系，所以，它随着机器人的行走而移动，随着机器人的倾斜而改变方位。当有特别局部的任务时，可以用这个空间，对于躯干框架的定位很有意义。

（2）FRAME_ROBOT：是围绕垂直 z 轴投影的两脚位置的平均值，这个空间非常有用，因为 z 轴总是向前的，提供了一个自然的自我中心参考系。

（3）FRAME_WORLD：这是一个不改变的固定原点的坐标系，当机器人行走时，被抛在后面，在机器人转动后 Z 轴旋转会不同，这个空间对于需要外部、绝对参考系的计算很有用。

为了计算左手到目标物的相对位置，还需知道脖子、左肩膀位置的对应关系。令 ${}^{\text{robot}}_{\text{neck}}T$、${}^{\text{lshoulder}}_{\text{robot}}T$、${}^{\text{neck}}_{\text{topcamera}}T$、${}^{\text{lshoulder}}_{\text{topcamera}}T$ 分别代表脖子与机器人之间的坐标变换、左肩膀与机器人之间的坐标变换、脖子与顶端摄像头之间的坐标变换。以 FRAME_ROBOT 坐标系为例，根据图 5–6 可知。

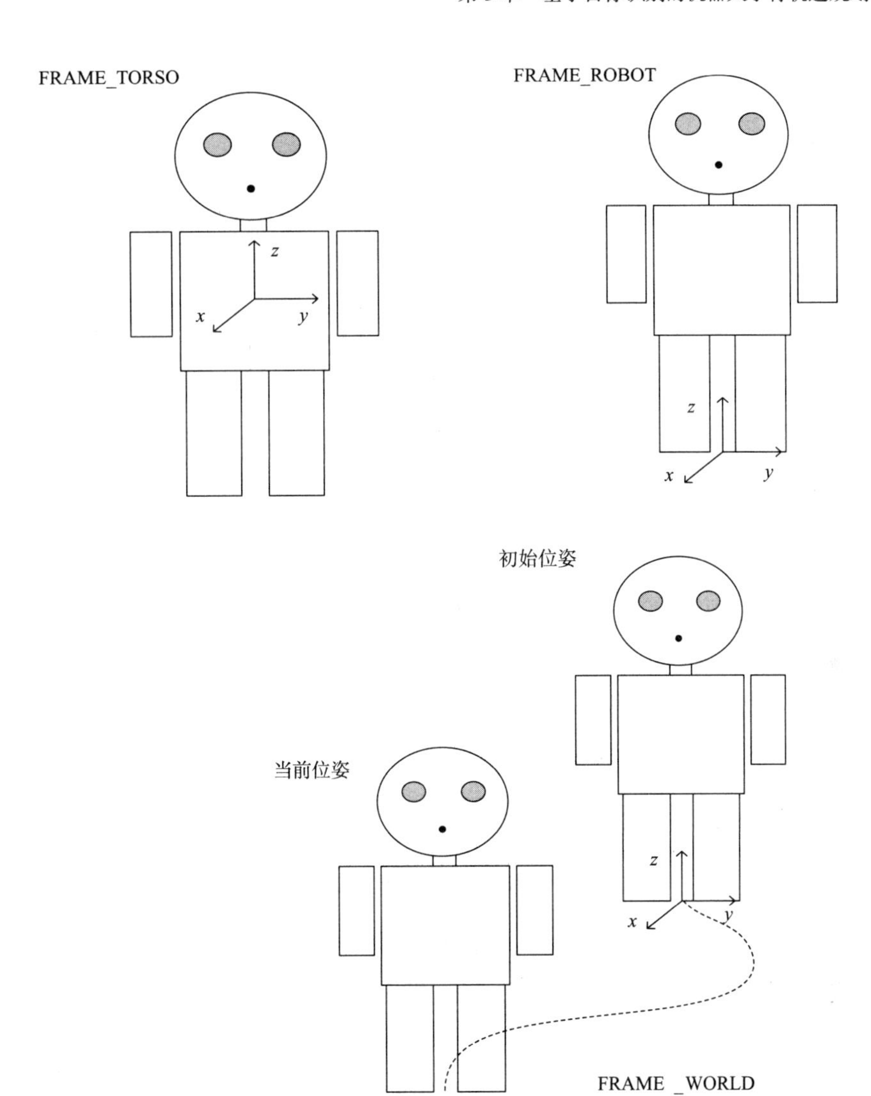

图 5-5　NAO 坐标系

$$ {}^{\text{robot}}_{\text{neck}}T = \begin{pmatrix} 1 & 0 & 0 & 0 \\ 0 & 1 & 0 & 0 \\ 0 & 0 & 1 & 0.45959 \\ 0 & 0 & 0 & 1 \end{pmatrix} \tag{5-2} $$

$$ {}^{\text{lshoulder}}_{\text{robot}}T = \begin{pmatrix} 1 & 0 & 0 & 0 \\ 0 & 1 & 0 & -0.098 \\ 0 & 0 & 1 & -0.43309 \\ 0 & 0 & 0 & 1 \end{pmatrix} \tag{5-3} $$

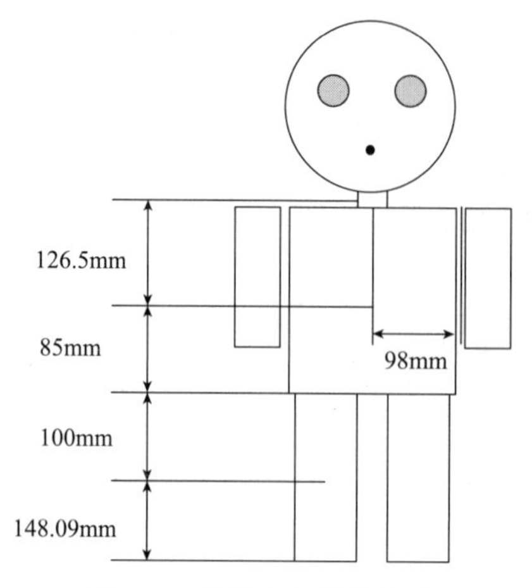

图 5-6　机器人各部分尺寸

$$
{}_{\text{topcamera}}^{\text{neck}}T=\begin{pmatrix} c\alpha_1 & -s\alpha_1 & 0 & 0 \\ s\alpha_1 & c\alpha_1 & 0 & 0 \\ 0 & 0 & 1 & 0 \\ 0 & 0 & 0 & 1 \end{pmatrix}\times\begin{pmatrix} c\alpha_2 & 0 & s\alpha_2 & 0 \\ 0 & 1 & 0 & 0 \\ -s\alpha_2 & 0 & c\alpha_2 & 0 \\ 0 & 0 & 0 & 1 \end{pmatrix}
$$

$$
\times\begin{pmatrix} 1 & 0 & 0 & 0.05871 \\ 0 & 1 & 0 & 0 \\ 0 & 0 & 1 & 0.06364 \\ 0 & 0 & 0 & 1 \end{pmatrix}\times\begin{pmatrix} c\alpha_3 & 0 & s\alpha_3 & 0 \\ 0 & 1 & 0 & 0 \\ -s\alpha_3 & 0 & c\alpha_3 & 0 \\ 0 & 0 & 0 & 1 \end{pmatrix} \tag{5-4}
$$

式中，α_1 为 HeadYaw 的值，α_2 为 HeadPitch 的值，α_3=1.2°，α_4=47.64°，上式相乘可得顶端摄像头相对于左肩膀的变换矩阵：

$$
{}_{\text{topcamera}}^{\text{lshoulder}}T={}_{\text{robot}}^{\text{lshoulder}}T\times{}_{\text{neck}}^{\text{robot}}T\times{}_{\text{topcamera}}^{\text{neck}}T \tag{5-5}
$$

从而可根据式（5-5）得出顶端摄像头相对于左肩膀的位置。

5.2　图像预处理

图像预处理作为目标识别的基础，但为后续目标识别提供数据基础[64]。具体过程如下：由于 NAO 机器人支持多种颜色空间的格式，因此图像预处理首先需要先从颜色空间中选出最适合实验的一种颜色空间，然后进行图像分割和去噪处理，将目标物体的信息从图像中提取出来，最后对目标进行识别得到需要的目标信息。

5.2.1　颜色空间选取

颜色空间由饱和度、亮度以及色调组合起来的一种色彩模式，平时所看到的物体颜色不仅仅是物体自身的颜色，环境因素也占了很大关系，如光线强度、其他物体反射的颜色等。目前最为常见的颜色空间为 RGB、YUV 和 HSV 三种，在不同环境下选择不同的颜色空间对图像处理以及目标的识别都起着非常重要的作用。

5.2.1.1　RGB 颜色空间

RGB 颜色空间是由最简单的红色（R）、绿色（G）和蓝色（B）三原色构成，由一个正方形模型图来表示，如图 5-7 所示。

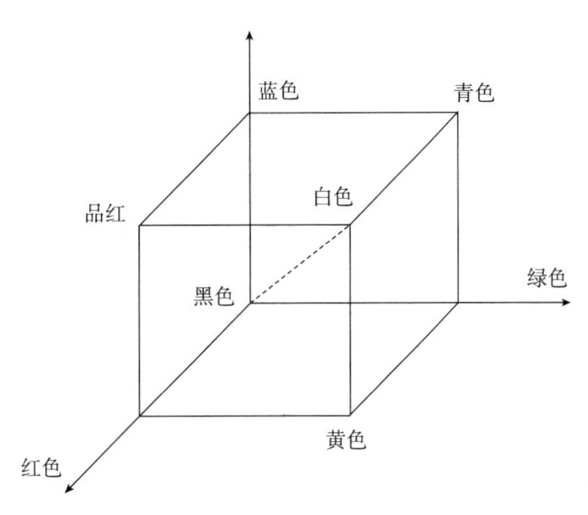

图 5-7　RGB 颜色空间模型图

根据三基色原理，不同比例的 R、G、B 能够混合构成任意色光 F，如公式（5-6）所示：

$$F = r[R] + g[G] + b[B] \tag{5-6}$$

5.2.1.2　YUV 颜色空间

YUV 颜色空间是一种由亮度（Y）参量和色度（U 和 V）参量共同决定的像素格式。YUV 与 RGB 相互转换如公式（5-7）所示：

$$\begin{cases} Y = 0.299R + 0.587G + 0.114B \\ U = -0.147R - 0.289G + 0.436B \\ V = 0.615R - 0.515G - 0.100B \end{cases} \tag{5-7}$$

5.2.1.3　HSV 颜色空间

HSV 颜色空间的表示方法是将 RGB 色彩空间模型用到圆锥体表现。HSV 颜色空间如图 5-8 所示。

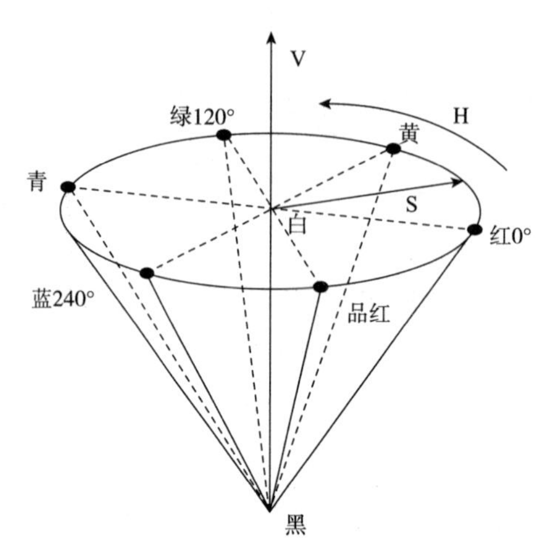

图 5-8　HSV 颜色空间模型图

颜色空间的选取：NAO 机器人视觉系统中同样支持上述三种颜色空间的图像，但对三种颜色空间图像预处理的结果不同，因此需要对颜色空间做了相应的实验进行颜色空间的选取。在实验测试过程中发现，使用 HSV 颜色空间不易受到对光线的强弱变化的影响[65]。在一般情况下使用 RGB 和 HSV 两个颜色空间都能准确地将红球分割出来，但在光线不好的情况下（光线较强或较弱）发现 HSV 颜色空间更加稳定。因此本文对于 NAO 机器人图像预处理过程中的颜色空间使用 HSV 颜色空间。

5.2.2　图像分割

图像分割主要是根据图像的灰度值、纹理、图形的外观以及颜色等特征将一张图片分割为几张互不相交图片的过程，使得图片的不同特征值在其部分呈现出显著的不同，在同一区域内呈现出其相似特征的图片处理过程[66]。也就是说，将需要的部分从一张图片中提取出来，此环节在图像预处理过程中也是非常重要的，会影响后续目标识别的准确度。如果图像分割效果不好的情况下，会导致图像模糊不清，因此需要选取合适的图像分割算法来进行图像预处理操作。

目前图像分割主要采用以下 3 种方法：

5.2.2.1　基于颜色的图像分割方法

基于颜色的图像分割方法是通过阈值进行图像分割[67]。首先确定一个或者多个颜色通道阈值将图像的直方图进行分类，从而得到所需要的目标图像与背景图进行分离。如公式（5–8）所示：

$$g(i,j)\begin{cases}1 & f(i,j)\geqslant T\\0 & f(i,j)\leqslant T\end{cases} \tag{5–8}$$

如公式（5–8）所示，T 为颜色阈值，目标像素点满足 $g(i,j)=1$，分离出的背景像素点满足 $g(i,j)=0$。该算法非常简单，但是运算速率高，非常适合目标颜色与背景颜色对比相差明显的图像。不过该方法也有缺点，对图像中噪声比较敏感。

5.2.2.2　基于区域的图像分割方法

基于区域的图像分割算法主要利用图像特征对图像进行分类提取，根据特征分割为几个部分，通过判断得到包含目标信息的部分。目前主要有两种方法：区域生长法是将相似像素聚集在一起形成特定区域的方法；分裂合并法为区域生长法的逆过程。

5.2.2.3　基于边缘的图像分割方法

边缘检测算法对于图像中区域边缘变化明显的特征来进行识别从而分割图像。

图像分别算法的选取：基于颜色的图像分割方法通过选取合适的阈值范围就可以将目标图像从原图像中分离出，如果图像中只有一个目标，则只需要指定一个阈值，反之则需要选取多个阈值进行图像分割。由于基于颜色的图像分割方法是根据阈值进行图像分割，并且该算法也有十分突出的优势，简单、运算速度快等优点。因此选用基于颜色的图像分割方法进行图像分割。

5.2.3　图像去噪

使用机器人摄像头获取图像时会产生很多噪声，这些噪声会降低图像的质量，并且这些噪声也会使得图像丢失一部分细节，造成结果的误差。在图像中，低频段和中频段的图像信息由于具有大量的能量，因此主要信息被保留，而存在于高频段的图像细节极易受到影响而被掩盖。因此，图像去噪主要是减少高频段的幅值来降低图像的噪声。

图像去噪主要分为线性法和非线性法，下边对常见的两种滤波器做简单的介绍：

5.2.3.1　高斯滤波器（线性滤波器）

高斯滤波是图像处理和计算机视觉里较常规的操作。针对高斯噪声的消除通常使用该方法，其原理是将图像进行加权平均，由图像中的像素点值和它相邻像素值加权平均后得到像素值再赋值给其本身。

一维高斯分布：

$$G(x)=\frac{1}{\sqrt{2\pi}\sigma}\mathrm{e}^{-\frac{x^2}{2\sigma^2}} \tag{5-9}$$

二维高斯分布：

$$G(x,y)=\frac{1}{2\pi\sigma^2}\mathrm{e}^{-\frac{x^2+y^2}{2\sigma^2}} \tag{5-10}$$

5.2.3.2　中值滤波器（非线性滤波器）

中值滤波法对于像素点的灰度值取值通过计算该像素点邻域窗口内的所有像素点灰度值的中值得到。

一维的中值滤波器如公式（5–11）表示：

$$y_i=\mathrm{Med}\left(f_{i-v},\cdots,f_i,\cdots,f_{i+v}\right),\ \ i\in Z,v=\frac{m-1}{2} \tag{5-11}$$

二维中值滤波器如公式（5–12）表示：

$$Y_n=\mathrm{Med}_B\left(X_n\right) \tag{5-12}$$

式中，B 为滤波窗口，在实际应用中滤波器窗口形状的选择有很多，如正方形、三角形、圆形等，通过不断增大窗口尺寸，直至滤波的效果较好即可。

中值滤波有以下优点：在相同大小的情况下，中值滤波器处理的图像模糊程度相比于其他线性滤波器要低。并且其处理的图像消除了噪声也保护图像的边缘。对孤立的噪声点（椒盐噪声）使用中值滤波有着良好的滤波表现[68]。

滤波器选择：实验发现，NAO 机器人获取的图像根据基于颜色的图像分割后，产生的噪声多为椒盐点噪声。结合前述分析，本文采用中值滤波进行图像去噪，图像分割实验结果如图 5–9 所示。

5.2.4　目标识别

通过图像预处理阶段已经将图像中目标区域分离出，但目标区域附近还包含一些

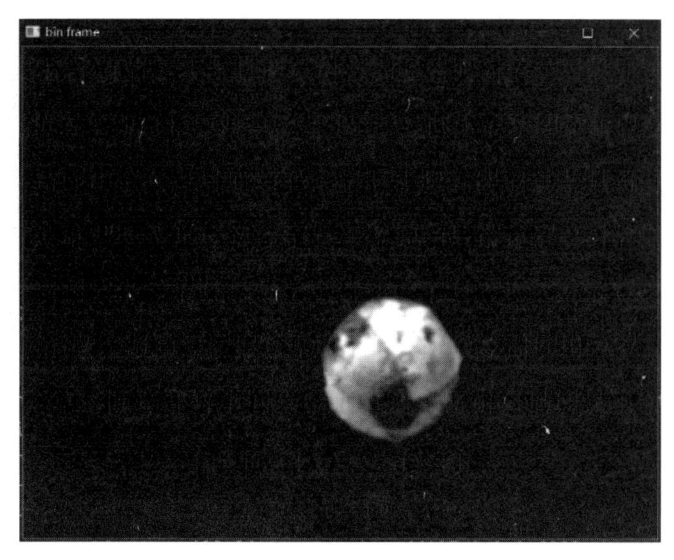

图 5-9　基于颜色的图像分割实验结果

干扰因素，还需要将目标的几何形状特征从图像处提取出来。由于本文使用小球作为目标识别对象，因此使用 Hough 圆检测[69]做下一步的操作，得到目标小球在图像中的坐标。

Hough 圆变换在检测过程中，每一个边界像素点（x，y）通过 canny 检测算法[70]提取，然后根据公式（5-13）进行判断，检测圆的三个参数即 C（x_0，y_0，r），将边界像素点（x，y）带入公式，当满足条件时，设置的累加变量值加 1，最终在满足的像素点中选取峰值，则为目标的实际参数值。

$$(x-x_0)^2+(y-y_0)^2-r^2\leqslant\delta \tag{5-13}$$

在实验过程中，经过 Hough 圆变换检测到的小球可能有多个，也可能包含一些噪声，因此还需要对结果做下一步处理，选择出正确目标小球的坐标。使用的目标小球为红色，中心为小球圆心，并外接一个绿色的正方形，其边长为 $4r$。通过计算正方形内部红色和绿色比例，得到目标小球的位置。最理想的情况下，红色色素比值为 0.196，如公式（5-14）所示，绿色色素比值为 0.804。但是实验环境下，存在很多未知影响（圆检测误差、分布不均的光线造成的颜色变化、干扰物等），很难达到理想情况。在实验过程中，我们将条件设为红色和绿色色素比值分别为 0.12 和 0.1。

$$\left(\pi r^2\right)/\left(16r^2\right)=0.196 \tag{5-14}$$

如图 5-10 所示，目标小球通过 Hough 圆检测算法将小球识别出来。

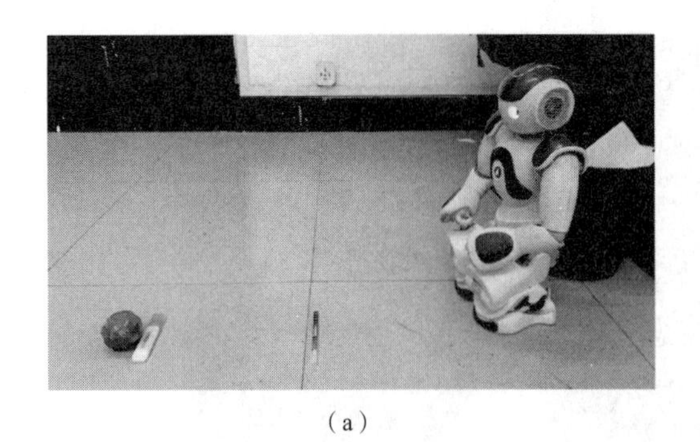
（a）

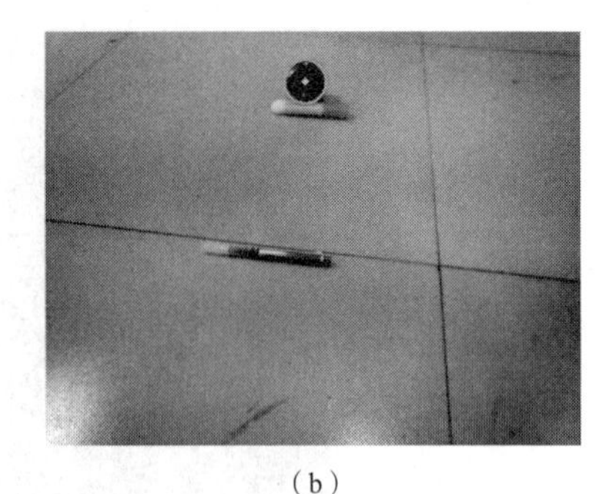
（b）

图 5-10 小球识别

5.3 目标识别理论

在机器人技术中，人们越来越重视识别不同类型的地标来简化地图上机器人的定位和导航任务。机器人越来越需要能够在环境中自我定位，并执行他们预期的任务。除了常用的地标用于机器人地图定位，使用机器人系统进行危险探测的需求增加也应引起重视。目前，利用地标对机器人地图定位进行了更为深入的研究，主要集中在处理视觉代码识别上，机器人系统使用不同的地标从而简化了目标识别，近年来，重点研究了基于代码的识别和定位。对于利用标志来识别目标，相较于利用机器学习、轮廓识别或者边缘检测等视觉算法定位目标物来说，标志的识别可以在效率上高于后者，能快速地检测到目标物。因此本文提出了一种基于 NAO 机器人的控制系统中应用 NaoMarks 进行视觉检测，该系统在图像中检测出 NaoMarks 并作为地标在环境中定位，这些地标包含了它们所依附物体的重要信息。本文在给定点轨迹规划的基础上，将期望位置设为目标识别后的位置信息，进而设计出为了到达期望位置的最优轨迹。

NAO 机器人进行目标识别，首先要启用摄像头，其内部视觉模块通过代理发送订阅摄像头请求。视觉模块需要工作在一个特定的图像格式下执行处理，因此，订阅 ALVideoDevice 将适用于视频流转换所需的格式（分辨率和色彩），如果这种格式是视频源的本地格式，可以直接请求其原始访问。然后，摄像头获取图像，并提取视觉信息，注册在视觉输入模块上的客户端 ALLandMarkDetection 使用从摄像机图像中提取的信息，就像视觉指南针一样，它从所摄取的图像中提取 NaoMarks 的相关特性，并从它们中建立搜索索引。最后所检测到的结果将被写入 ALMemory 中的一个变量里。

5.4 目标识别与定位

5.4.1 NaoMarks 的目标识别

在机器视觉中，有一个普遍的认知，即过早做出硬判决会削弱鲁棒性，相反，应该在考虑所有相关的输入数据后再做出决定，例如，像素分色或 Canny 边缘检测、线段提取、目标检测等。由于 NAO 机器人的摄像头在头部，视野所涉及范围由脖子的两个自由度决定，即 HeadPitch 和 HeadYaw，角度范围如图 5-11 所示（参考坐标系同上述机器人手臂参考坐标系）。对此，NAO 机器人可以通过全局搜索来定位 NaoMarks，检测到 NaoMarks 后，会输出 NaoMarks 的相关信息，包括用于执行检测的图像的时间戳，相对应 NaoMarks 上的 mark ID，以及在摄像头角度来说代表 NaoMarks 位置的 α 和 β，还有 NaoMarks 的宽和高。

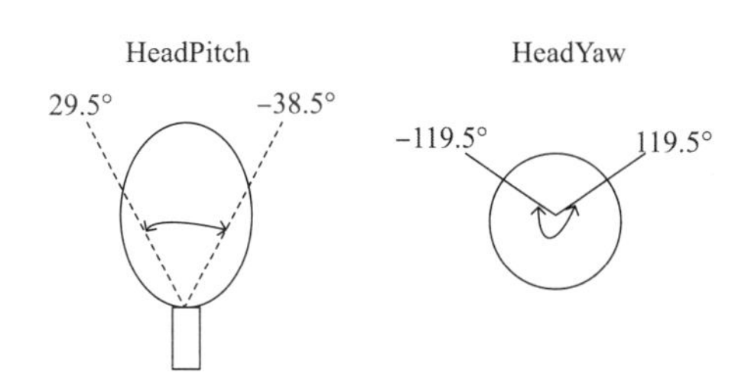

图 5-11　HeadPitch 和 HeadYaw 角度范围

在室内环境下进行 NAO 目标识别试验如图 5-12 所示，在目标物上标记 NaoMarks，使 NAO 处于站立的稳定状态，NaoMarks 的直径为 3.5cm，mark ID 为 170，实验台高度为 23cm。将目标物分别放置在以 NAO 的 FRAME_ROBOT 参考坐标系中心点，半径分别为 10cm、15cm、20cm 的视野范围内不同位置，是否能成功检测到 NaoMarks，每组进行五次实验，结果见表 5-1。

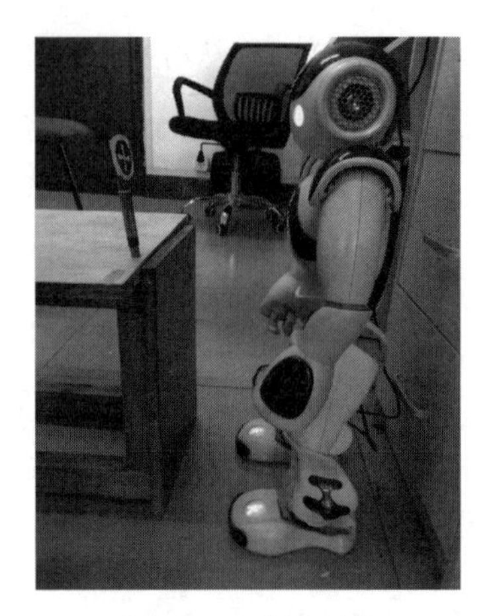

图 5-12　实验环境

表 5-1　NaoMarks 识别实验

半径 /cm	实验次数	是否成功	半径 /cm	实验次数	是否成功
	1	成功		1	成功
	2	成功		2	成功
10	3	失败	15	3	成功
	4	失败		4	成功
	5	成功		5	成功
	1	成功		1	失败
	2	成功		2	成功
20	3	成功	25	3	成功
	4	成功		4	成功
	5	成功		5	成功
	1	成功		1	失败
	2	成功		2	失败
30	3	成功	35	3	成功
	4	成功		4	失败
	5	成功		5	失败

从表 5-1 中可看出，NAO 机器人对 NaoMarks 识别率较高，对于 3.5cm 大小的 NaoMarks 来说，在机器人周围半径 15~20cm 的范围内能更好地被识别。

5.4.2　NAO 机器人的单目视觉空间目标定位

由于 NAO 机器人只能采用单摄像头的工作方式，因此本文采用单目视觉定位技术进行目标定位，首先建立一个单目视觉定位模型[71]，通过几何计算将图像中的二维坐标转化为机器人坐标系下的三维坐标，实现空间目标定位。单目视觉系统作为视觉定位系统的典型系统[72]，针对目标位置定位模型上已经有了很多研究成果，但是实际目标物体的高度在很多研究中都被忽略了，在基于 NAO 机器人的抓取实验中，需要物体具有一定的高度，因此基于平面目标的定位无法满足要求。

通过图像预处理获得目标小球在图像坐标系下的位置坐标，然后采用单目视觉定位模型建立空间固定高度下的位置坐标与图像坐标之间关系，最后得到目标在 NAO 机器人坐标系下的位置坐标。单目视觉定位模型如图 5-13 所示，利用小孔透视模型，通过图像坐标与实际空间坐标之间的变换，得到目标在空间中的位置，而且相机的高度要高于目标高度。

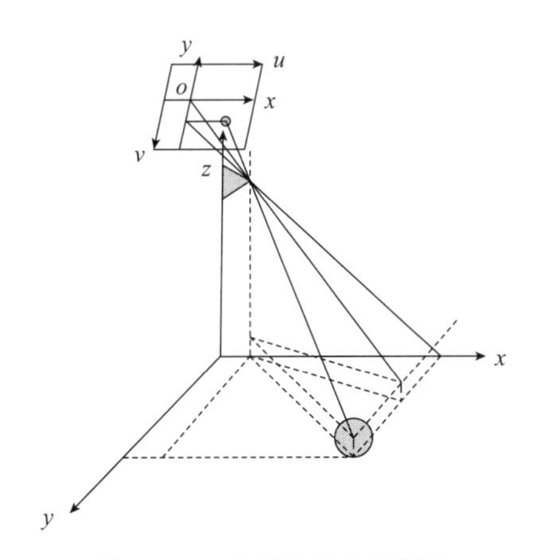

图 5-13　单目视觉定位模型

观察单目视觉定位模型能够得到其局部图像，如图 5-14 所示，其中（a）俯视图、（b）侧视图和（c）图像坐标系。

图中的 $\theta_{headpitch}$ 为头部俯仰角，$\theta_{headyaw}$ 为头部偏转角，$\theta_{ballpitch}$ 为垂直视场角，$\theta_{ballyaw}$ 为水平视场角，H 为摄像头高度，w 为图像宽度，h 为图像高度，图像分辨率为 640×480px，因此 w 与 h 的值分别为 640px 和 480px。（X_0，Y_0）为图像坐标系坐标，（X_1，Y_1）为世界坐标系坐标，r 为小球半径，$\theta_{c\_direction}$ 为 47.64°　。

图像预处理后得到（X_0，Y_0），θ_{c_pitch} 为相机垂直视场角最大值，θ_{c_yaw} 为相机俯仰角的最大值，其中 H、$\theta_{headpitch}$、通过内部函数获取。

小球垂直视角角度 $\theta_{ballpitch}$ 和水平视角角度 $\theta_{ballyaw}$ 为：

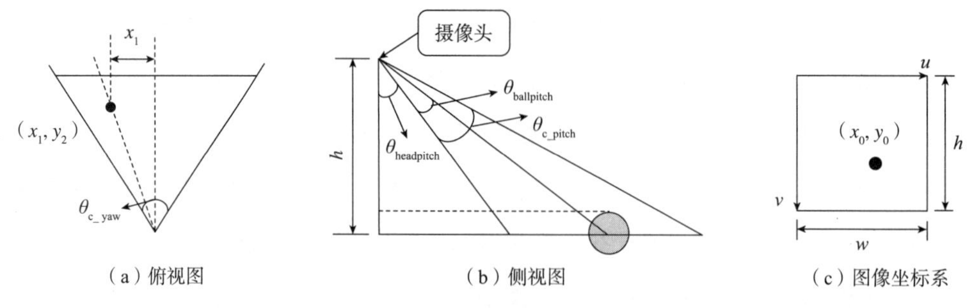

（a）俯视图　（b）侧视图　（c）图像坐标系

图 5-14　俯视图，侧视图和图像坐标系

$$\theta_{ballpitch} = \frac{(Y_0 - 240) \times \theta_{c\_pitch}}{480} \tag{5-15}$$

$$\theta_{ballyaw} = \frac{(320 - X_0) \times \theta_{c\_yaw}}{640} \tag{5-16}$$

然后可以得到目标小球距摄像头的距离，如公式（5-17）所示：

$$d_{pitch} = \frac{(H - r)}{\tan\left(\frac{\theta_{c\_direction} \times pi}{180} + \theta_{headpitch} + \theta_{ballpitch}\right)} \tag{5-17}$$

$$d_{yaw} = \frac{d_{pitch}}{\cos\theta_{ballyaw}} \tag{5-18}$$

最终小球的位置坐标（X_1，Y_1）为：

$$X_1 = d_{yaw} \times \cos(\theta_{ballyaw} + \theta_{headyaw}) + X_{camera} \tag{5-19}$$

$$Y_1 = d_{yaw} \times \sin(\theta_{ballyaw} + \theta_{headyaw}) + Y_{camera} \tag{5-20}$$

由公式（5-16）~公式（5-18）可以得到小球世界坐标系坐标（X_1，Y_1）。当小球有一定的高度时，以 NAO 机器人坐标系为三维空间坐标系。小球高度为 h_1，修改公式（5-17）为：

$$d_{pitch} = \frac{(H - r - h_1)}{\tan\left(\frac{\theta_{c\_direction} \times pi}{180} + \theta_{headpitch} + \theta_{ballpitch}\right)} \tag{5-21}$$

将公式（5-21）带入公式（5-18）得到小球在一定高度时坐标，h_2 为机器人坐标系下原点距地面高度。小球在机器人坐标系下坐标为（X_1，Y_1）。

通过计算获取的小球坐标存在一定的误差，因此为了消除误差，使用误差系数 k 对实际距离 X_1 进行补偿，如式所示：

$$X = k \times X_1 \tag{5-22}$$

误差系数可以用四次多项式求解：

$$k = ax^4 + bx^3 + cx^2 + dx + e \tag{5-23}$$

5.5　基于目标识别的机器人手臂轨迹规划

机器人手臂轨迹规划是在运动学和动力学的基础上，根据所需执行的任务来进行的。例如，捡起某样东西放置他处，或者更简单点，只是拿起杯子等。轨迹规划分为两点之间点到点的运动，和需要指定一个有限的点序列这种连续路径运动。本文为连续的路径规划，需要在起始位置和期望位置中间添加一些关键点，以使末端执行器按照设计好的路径进行运动。在关节空间中进行轨迹规划，首先选取各关节的首尾节点，随后为其规划适当路径，目的是通过控制关节能够以高精度进行轨迹跟踪，使其末端执行器平稳达到期望位置。而笛卡尔空间的轨迹规划，则是利用运动学方程表示出末端执行器的位置、速度和加速度，然后通过逆运动学获得各关节信息。

对于机器人手臂的轨迹规划，应考虑到关节轨迹的极值不应超过每个关节变量的物理和几何极限，关键点的选择取决于关节的运动特性和评价指标。对机器人手臂进行轨迹规划，首先要明确其初始位姿和目标位姿。

（1）初始位姿：该机器人目前处于无碰撞、静态稳定的平衡状态，由两个脚支撑站立，手臂垂于身体两侧。

（2）目标位姿：在识别出目标物体，机器人手臂运动到目标位置的平衡状态。

一般来说，如果给定路径规划查询存在动态稳定解，则会有许多这样的解决方案轨迹。本文讨论了一个任务的轨迹规划问题，该任务需要在一个视觉上指定的目标配置中，机器人左手可以到达标记的目标位置。运动任务包括两个自由度，手臂的运动受到被摄物体的物理耦合的约束，考虑到两个手臂运动的运动学特征，只将从机器人的正向运动学中得到的方向设定为目标物方向。根据这一点，NAO 手臂的可达性很明显是非常有限的，而下臂的方向取决于手的位置。由于这个原因，需要检查每个姿势和运动路径上的每个点是否可以到达，然而，虽然可达性检查对于运动规划是必要的，但是增加了工作量。可达图的来源位于机器人的肩膀，在不使用逆运动学的情况下，可以用不同的肩位来测试末端执行器的位置是否可以到达。由于本文是研究两自由度的手臂结构，可以通过运动学在可达性映射中预先定义工作空间如图 5-15 所示，这使得运动轨迹规划能够在笛卡儿空间中快速运行。轨迹规划的第一步是使用可达图评估一系列可以到达目标物的路径，因此，为了评估，首先检查节点的可达性，进而在可达图中对机器人末端执行器进行轨迹规划。

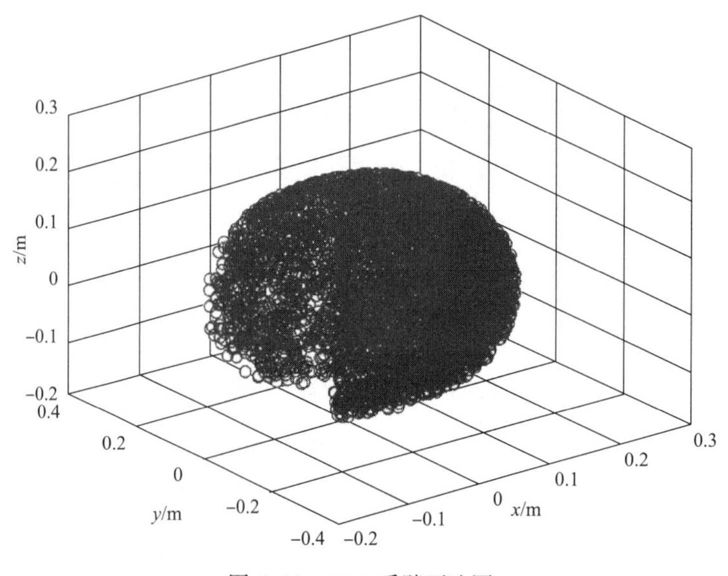

图 5-15　NAO 手臂可达图

可将机器人手臂的轨迹规划看成在三维空间中从起点到终点之间搜索最优路径的过程，目前广泛运用的搜索算法有深度优先算法、广度优先算法，从中演变而来常见的迪杰斯特拉算法、A-star 算法、贝尔曼 - 福特算法、弗洛伊德算法、SPFA 算法等。其中迪杰斯特拉算法思想与广度优先算法一致，而 A-star 也属于广度优先算法，A-star 虽然在广度优先算法的基础上加入了迪杰斯特拉算法中的启发式和排序方法，但是两者所选取后继点的方法不同，A-star 算法选择后继点的方法可以更接近最优点，因此，会比迪杰斯特拉算法搜到最优路径快。而且，本文是基于固定目标物的环境下进行搜索，整个地图是静态的，A-star 算法就是在静态路网中求解最短路径的有效且直接的方法，其流程图如图 5-16 所示。

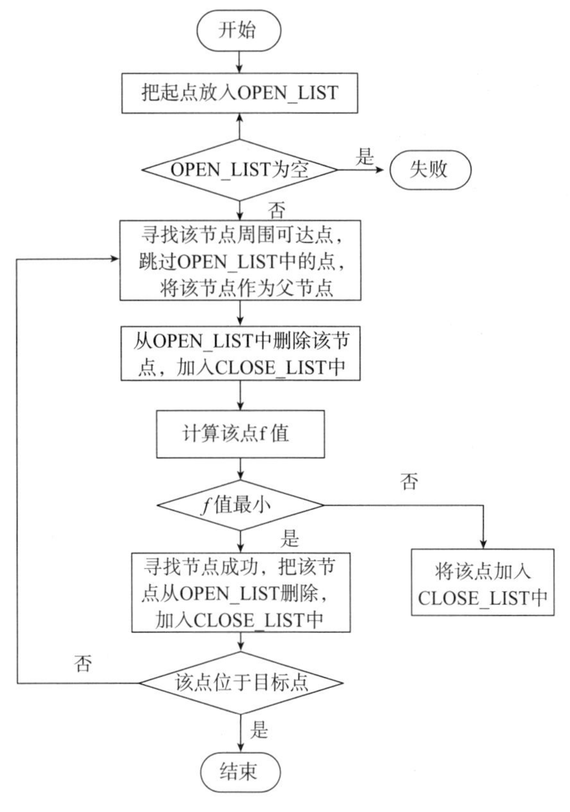

图 5-16　算法流程图

本文在笛卡尔空间进行手臂轨迹规划，在这个过程中，更合适的下臂方向上的节点评估要比有较大误差的下臂目标方向的节点好，此外，还需考虑到在笛卡尔空间中被评估的节点和目标节点之间的距离。在选择路径的过程中，进一步检查下臂可能的方向是否符合要求，选择最佳路线，启发式函数 f 来计算，f 值最小就是手臂要走的最优路径。

$$f = h + g \tag{5-24}$$

式中，h 是估计当前节点到目标节点所需代价，则：

$$h_p = \left| x - x_{\text{goal}} \right| \tag{5-25}$$

也就是起始节点与目标节点之间的空间距离：

$$h_p = \sqrt{(x_i - x_d)^2 + (y_i - y_d)^2 + (z_i - z_d)^2} \tag{5-26}$$

g 表示初始节点到当前节点的代价，则：

$$g_p = \sum \left| x_k - x_{k-1} \right| \tag{5-27}$$

通过该函数可以考察手臂下一步的到达位置，保证每一步得到的是最优关节角，进而可以获得从起始位置到目标位置的最优轨迹。

将目标物用 NaoMarks 标记过后，把所得的目标位置转换为目标关节角，运动轨迹结果如图 5–17 所示。

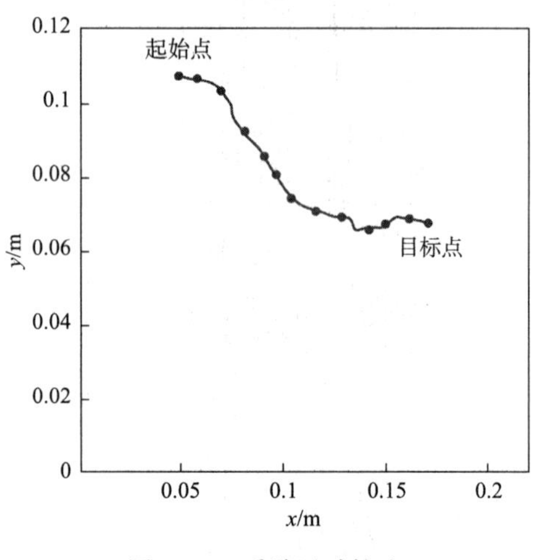

图 5–17　手臂运动轨迹

5.6　本章小结

本章首先概述了 NAO 机器人视觉机构、NaoMarks 的属性和机器人的三个参考坐标系。然后以 NaoMarks 标记目标物，在 FRAME_ROBOT 参考坐标系进行目标识别实验，得出基于 NaoMarks 目标快速准确地识别及定位目标物的位置。在 NaoMarks 目标识别的基础上，根据启发式函数给出的搜索信息选择关节角，进行轨迹规划。

第 6 章　避障建图和路径规划

6.1　NAO 机器人避障建图实验系统

6.1.1　NAO 机器人简介

本课题使用的是科研 NAO 机器人[62]，如图 6-1 所示，为 Aldebaran 研发的一类智能型机器人，具有讨喜的外形，具有特定水平人工智能与情感智商，而且能够和人类进行密切的交流；在全球学术界内使用极为普遍的智能机器人。使用嵌入式的处理器（AMD Geode），高度为 23 寸，约 60cm；总共 25 个 DOF，其中每只手臂有 5 个 DOF，每个下肢有 6 个 DOF，其中的关键构件为电机及制动器；拥有摄像头、声呐距离传感器及压力传感器；可以运用 Python 语言或 C++ 语言来对 NAO 设计各类控制程序，支持 Wi-Fi 连接。

图 6-1　科研 NAO 机器人

6.1.2　避障建图实验平台

NAO 胸部有两个声呐传感器用于检测障碍，两个高清 CMOS 摄像机在 NAO 头部，用来实时地捕获搜索范围内的图像。NAO 还有很多其余各种类型的传感器，其中声呐传感器每 100ms 由声呐发射器来发射声波，并且在其被障碍物反射之后由声呐接收器接收反射过来的声波。通过简单的计算，可将声呐传感器接收的声波转换为机器人和障碍物之间的距离，并将该信息存储在共享存储器区域中。机器人和障碍物之间的有效距离为 0.1 ~ 3 m，过小或过长的距离都不可被检测到。防滑垫用于防止机器人滑动，并确保机器人在行走区域中能够沿指定方向尽可能远地行走。导航建图实验的平台如图 6–2 所示，绿色圆柱 1 和蓝色圆柱 2 是两个随机放置的障碍物；紫色圆柱体 3 是最后的路标（Landmark）。通过使用 openCV 可视化库，NAO 机器人可以得到图片的 RGB 值，最终路标的 RGB 值由 NAO 机器人判断；如果图片的 RGB 值接近于给定的 RGB 值，机器人将检测最终的地标，NAO 机器人的最终停止路标如图 6–3 所示。

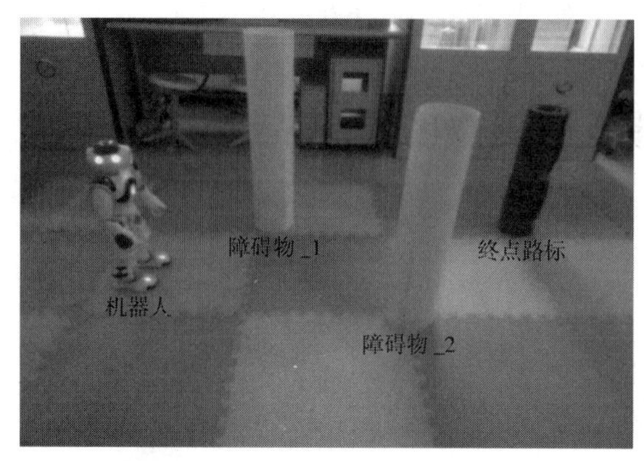

图 6–2　机器人避障建图实验平台

图 6–3　终点路标图像

6.1.3　声呐传感器

在本文的机器人导航建图实验中要运用声呐检测障碍物从而进行避障工作，NAO 机器人采用的是声呐测距技术，声呐的部位图（图 6–4）中，有左右两对声呐传感器，左边的 sensor1、sensor2 和右边的 sensor3、sensor4 分别是对应右边和左边的超声波发射器和声波接收器。

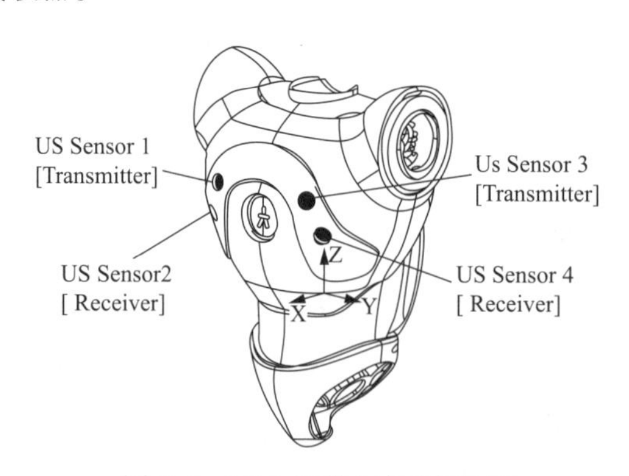

图 6–4　NAO 机器人声呐部位图

从如今的科技水平来说，超声波测距的优点是结构单一、价格低廉、处理数据速率较快，普遍在障碍检测方面使用，尤其是利用超声波对环境进行实时检测。超声波传感器（即声呐）普通的有效间隔相对比较短，一般有效的搜索距离大都为 5~10m；然而此传感器会存在一个最小搜索无效区（几十毫米左右）。由于声音波长特点，因此超声波传感器受到环境因素作用较小，应用场所较为宽泛。NAO 机器人的声呐参量见表 6–1，并且有 4 种不同的超声波反馈信息事件：左边有障碍声呐检测（SonarLeftDetected），右边有障碍声呐检测（SonarRightDetected），左边无障碍声呐检测（Sonar Left Nothing Detected），右边无障碍声呐检测（SonarRightNothingDetected），对应的事件触发情况见表 6–2。

表 6–1　NAO 机器人声呐参数表

NAO V5 系列	频率	40kHz
	分辨率	1~5cm
	检测距离	0.1~3m

表 6–2　NAO 机器人声呐事件触发情况

情况	事件触发阶段	描述
	SonarLeftDetected 事件	即在 NAO（左侧）前面小于 0.5m 处有障碍，表示 NAO 不能前进，须停止并右转以避开障碍
	SonarRightDetected 事件	即在 NAO（右侧）前面小于 0.5m 处有障碍，表示 NAO 不能前进，须停止并左转以避开障碍
	SonarLeftNothingDetected 事件	即在 NAO 前方和左边均无障碍，表明 NAO 可以向前或向左转。在右侧小于 0.5m 处有障碍，但 NAO 仍可以继续前进
	SonarRightNothingDetected 事件	即在 NAO 前方及右边均无障碍，表明 NAO 可以向前或向右转。在左侧小于 0.5m 处有障碍，但 NAO 仍可以继续前进
	SonarLeftNothingDetected 与 SonarRightNothingDetected	即没有障碍，表明这两个事件同时触发

6.2 移动机器人避障建图

6.2.1 避障建图设计

机器人路径导航建图研究实验的主要目的是实时更新机器人在不同状态下对应不同行为的Q值。机器人从当前状态向下一个状态的转移包括四个方位，分别是向前、向后、向左和向右。机器人的下一个状态是向哪个方向转移取决于不同行为下的Q值，实验中引入了转移概率P来决定机器人转移的方向，其转移概率如式（6–1）所示：

$$P\left(a_i \mid s\right)=\frac{Q\left(s,a_i\right)}{\sum_{j}^{4}\left|Q\left(s,a_j\right)\right|} \tag{6–1}$$

式中，$P\left(a_i \mid s\right)$代表在此刻状态s下向方位a_i转移的概率值，$Q\left(s,a_i\right)$代表在此刻状态s下对应方位a_i的Q值。机器人转移到沿最大概率的方位所对应的新状态。

机器人在开始进行路径导航任务前，在任意状态下的任意行为的Q都初始化为0，机器人在行走过程中根据周边的环境实时更新Q值。当遇到障碍物时加入惩罚因子；当遇到终点路标时加入奖励因子。具体实现是：如果障碍范围为R_1，当NAO距障碍坐标距离小于d_1时加入惩罚因子$R\left(s,a\right)=-100$；如果终点坐标范围为R_2，当机器人距终点坐标距离小于d_2时加入奖励因子$R\left(s,a\right)=100$，如图6–5所示。

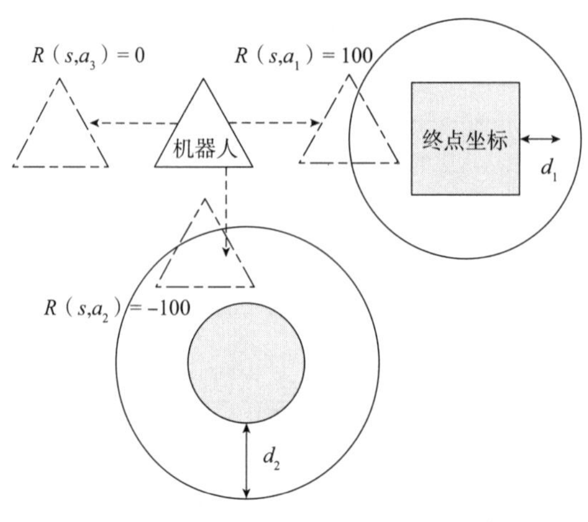

图6–5 选取奖惩因子

奖惩因子的取值可以如式（6–2）所示：

$$R(s,a)=\begin{cases}100, & r<d_1\\ 0, & (r>d_1)\&(r>d_2)\\ -100, & r<d_2\end{cases} \tag{6–2}$$

式中，r 代表当前机器人距障碍或者距最终路标间的间隔距离；如图 6–6 所示是 Q-learning 算法避障的详细流程。

在许多情况下，传统的 K-means 算法只能对指定组数的数据进行分类，在一定程度上限制了 K-means 聚类方法的适用性。因此，在本实验中改进了传统的 K-means 算法，使之适用于本实验；通过改进的 K-means 聚类方法对机器人获得的数据进行分类的具体过程如下：

（1）从n个原数据中随机地提取出k个元素，作为k个簇类各自的中心点。

（2）按照平均值，计算剩余元素分别到k个簇的中心点的相异度，并将其分别归类于相异程度最低的簇类中。

（3）再次对每个簇和最短簇之间的间隔距离进行计算。

（4）若是任两簇间的间距比d_0小，则两个簇合并为一个；然后将这两个原始簇心的平均距离作为新簇心，否则，转到步骤（2）执行。

（5）如果新簇的中心不再改变，算法结束；否则到步骤（4）执行。

Q值得更新是Q-learning算法的关键，更新规则如式（6–3）所示：

$$Q(s,a)=R(s,a)+\gamma\max_{a}Q(\hat{s},\hat{a}) \tag{6–3}$$

机器人在执行路径导航任务过程中实时通过摄像头拍摄图像，将得到的图像通过比对 RGB 值来判别是否机器人到达终点路标。如果在一张图像中 RGB 值和设定的 RGB 值达到一定比例的相似度，则认定机器人检测到了终点坐标。通过 NAO 机器人摄像头拍摄到的终点路标如图 6–3 所示；由图可知，终点路标 RGB 值为（54，29，82）。NAO 完成避障前提下的导航建图任务的流程如图 6–7 所示，实验的具体步骤如下：

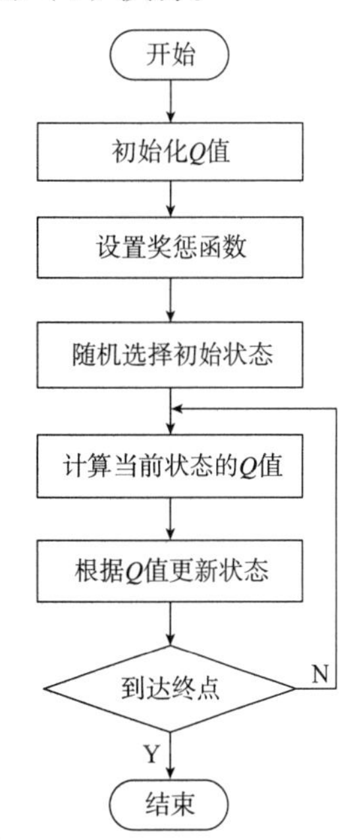

图 6–6　Q-learning算法避障流程图

（1）通过 NAO 的声呐传感器对周边环境信息进行采集。

（2）采用K-means聚类方法对采集到的数据进行分类，检测周边障碍物的距离和数量。

（3）根据检测到的障碍物取惩罚因子的值。

（4）根据公式（6-3）更新Q的值。

（5）根据公式（6-1）选择机器人的下一个状态。

（6）判断 NAO 机器人抵达终点路标，实验结束，否则转到步骤（1）迭代执行。

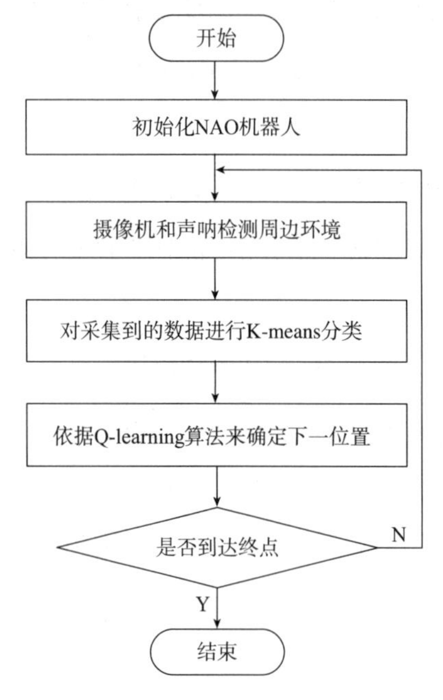

图 6-7 NAO 机器人导航流程图

6.2.2 移动机器人避障建图分析

实验运用图 6-2 所示的平台，其中随机放置两个障碍来检验Q-learning算法的有效性，运用 C++ 语言进行设计 NAO 机器人在本试验平台上进行避障行走的程序。在程序中作如下处理，NAO 机器人在调用 ALMemoryProxy 类的 getData 函数从指定的共享内存区中读取声呐传感器检测到的距障碍物的距离；调用 ALMotionProxy 类的 moveTo 函数使机器人按照指定的方向行走；调用 ALVideoDeviceProxy 类的 getImageRemote 函数用于通过摄像头读取图像信息。见表 6-3，如果声呐传感器探测到 NAO 与障碍的间距大于 0.4m，默认其周边不存在障碍；而且 NAO 每次动作执行前通过声呐来采集到 10 次数据；K-means聚类算法的合并阈值为 0.15m，即机器人检测到与障碍物的多个距离和监督数据进行简单运算后，得到障碍之间的间距如果小于 0.15m，在此把这几个数据归为一类，即 NAO 遇到同一个障碍。当 NAO 机器人采集到的实时图像信息与图 6–3 所示终点路标图像信息的相似度达到 15% 时，认为机器人检测到终点路标，完成导航建图实验。考虑到拍摄的图像存在一定误差，允许匹配的 RGB 值有 ± 5% 的波动。无Q-learning的 NAO 建图结果和通过Q-learning学习的 NAO 建图结果为如图 6–8 和图 6–9 所示。

表 6–3 NAO 机器人导航实验参数表

参数	对应数值
检测距离	0.4m
合并阈值	0.15m
路标图像相似度	15%
RGB 波动幅度	± 5%

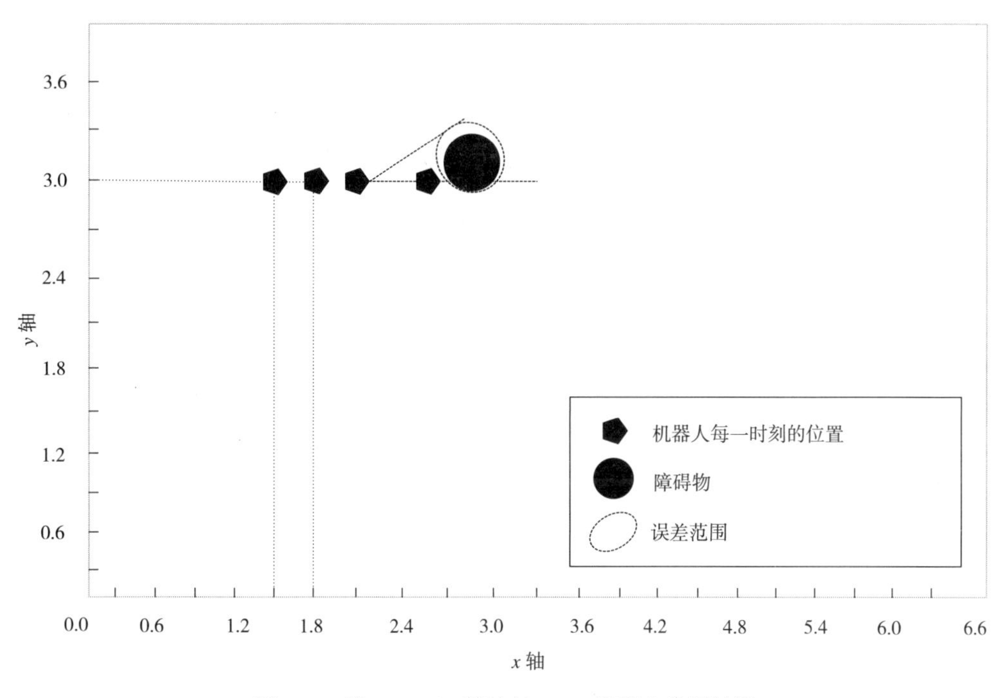

图 6–8 无Q-learning算法的 NAO 机器人建图结果

从图 6–8 和图 6–9 能够看出，无 Q-learning 算法的机器人建图实验中，NAO 机器人在正常行走中，即使能够检测当前环境信息，因为没有相应的避障算法支撑，也依

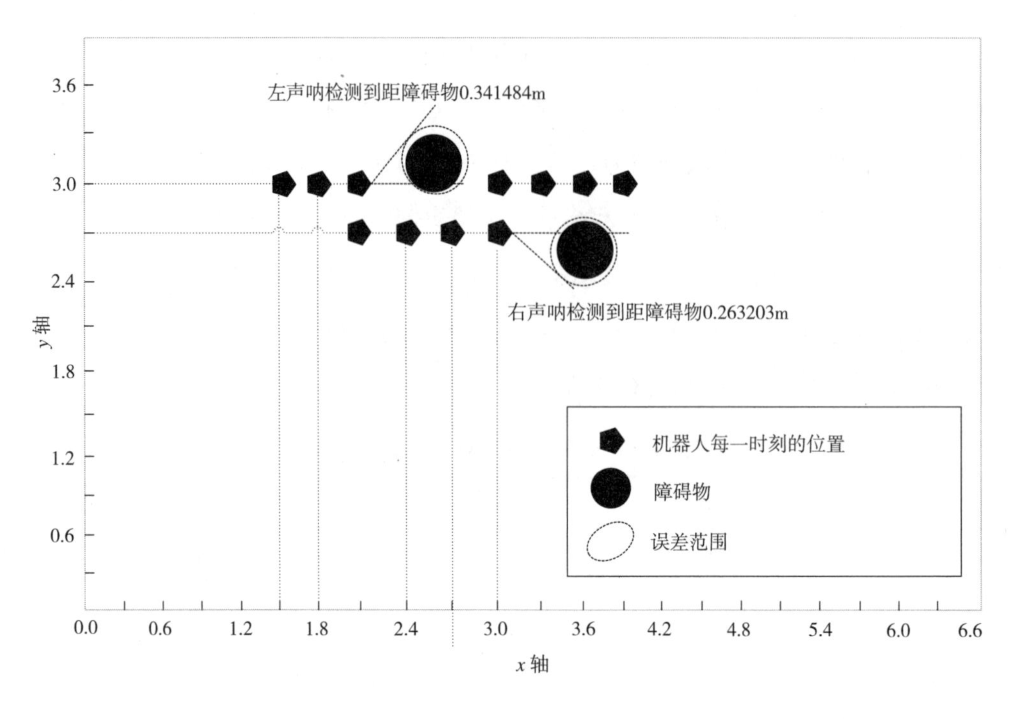

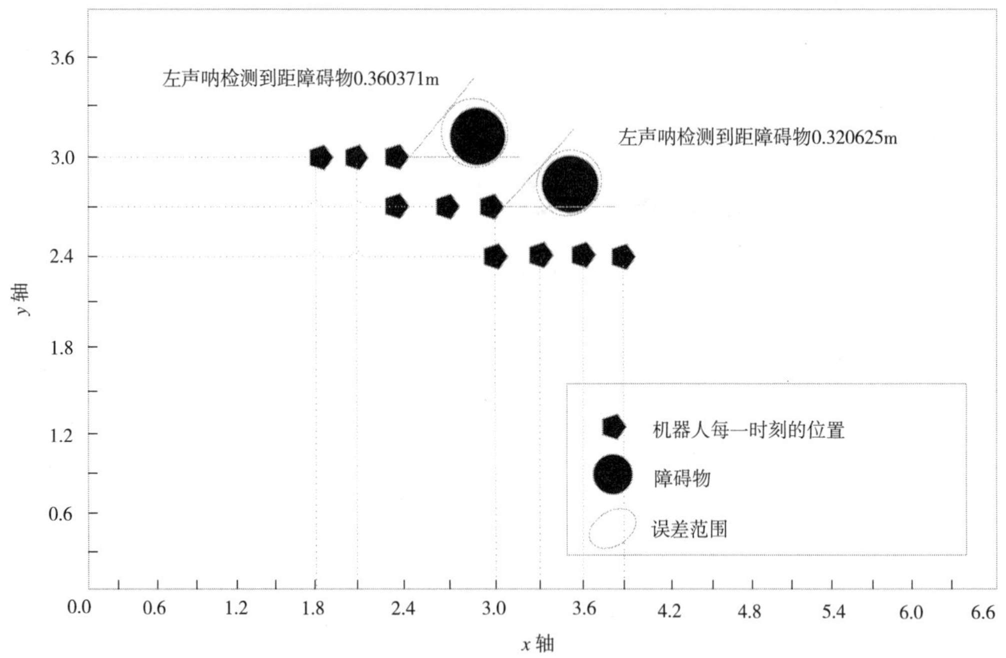

图 6–9　Q-learning算法的 NAO 机器人建图结果

旧无法实现避障任务，因此 NAO 机器人遇到障碍物将会发生碰撞，不能找到到达最终路标点的路径，也不能进行搜集建图信息的任务。而有 Q-learning 算法的机器人导航建图实验中，NAO 机器人能够对检测到的环境信息做出一个及时的调整反应，即能够根据声呐传感器检测到的障碍物距离完成避障任务，也可进行搜集建图信息的任务。但是从图 6-9（a）和（b）中能够知道，由于障碍物之间的距离远近，避障的路径方向有些许的区别，图 6-9（a）中是当两个障碍物的距离相距较远，即大于 0.15m 时，NAO 可从两个障碍之间的空隙走过；图 6-9（b）中是当两个障碍物的距离相距较近，即小于 0.15m 时，NAO 内部运行程序即把这两个障碍看成为同一个，从无障碍的一边行走。

6.3　移动机器人路径规划

6.3.1　路径规划地图环境设计

NAO 每走一步为 0.04m，每走 4 步作为一个栅格，即一个栅格的大小为 0.16m；后根据 6.2.2 节的建图数据，在 MTLAB 中建立仿真中的障碍物地图如图 6-10 所示，初始坐标为（4，5），终止位置为（16，16），其中有 2 个障碍。

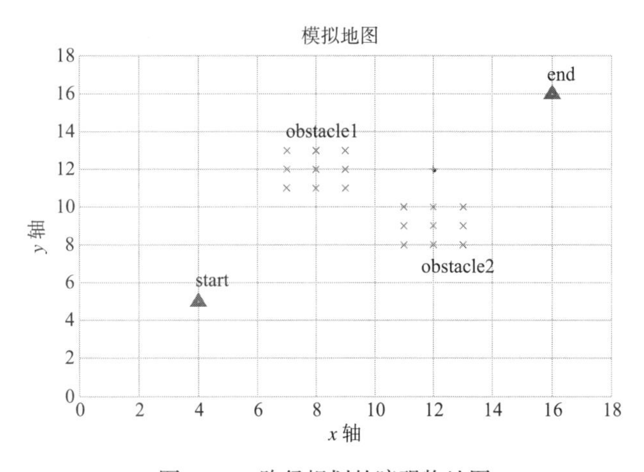

图 6-10　路径规划的障碍物地图

6.3.2　基于 ABC 算法的路径规划设计

ABC 算法，是一类被普遍用于找寻目标函数最优解的群智能搜索方式。ABC 的基本思想是根据模仿蜜蜂采蜜的行为，利用群体间的相互合作来寻找最佳的解。采用 ABC 算法搜索最优解包含有 3 个组成要素，它们分别是引领蜂、跟随蜂与侦察蜂。

因此通过 ABC 算法寻找最优路径的步骤为：

（1）引领蜂开采食物源阶段。每个食物源表示能够优化得解，因此引领蜂开采食物源是为了找寻最优路径的过程。适应值表示食物源质量的好坏程度，即为找寻到路径的路长加权。

在机器人完成 6.2 节的建图任务后，可以通过离线 ABC 算法寻找环境地图中的最短路径。蜜蜂在寻找最佳路径中，每次行走一个栅格，随机决定行走的方向。因为在行走过程中可能会走入障碍物栅格中，因此采用了加权的方法来决定最终的行走路长，即 ABC 算法中的适应度函数，如式（6–4）所示：

$$\text{fitness}_i = L = \mu_n c_n l + \mu_o c_o l \tag{6–4}$$

式中，L 是最终的行走路长，l 是每步行走的路长，μ_n 和 μ_o 分别是无障碍物的加权因子和有障碍物的加权因子，c_n 和 c_o 分别表示行走时遇到的无障碍物栅格数和遇到的有障碍物栅格数。

（2）跟随蜂开采食物源阶段。分享消息的方式是引领蜂把开采到的食物源消息以摇摆舞方式表现出来，跟随蜂按照概率公式（6–5）来选取对应的最优食物源：

$$P_i = \frac{\text{fitness}_i}{\sum_{j=1}^{SN} \text{fitness}_j} \tag{6–5}$$

式（6–5）中，P_i 和 fitness_i 分别是选取第 i 个食物源相应的概率和相应的适应度值，SN 表示食物源的数目。当跟随蜂确定了开采的食物源后，按照特定的方式重新开采新路径。

（3）侦察蜂开采食物源。通过了limit次迭代后，如果蜜源依旧未被更新，则将此食物源丢弃，侦察蜂继续重新开采。

（4）如果达到最大循环次数，寻优结束即为算法结束，输出最佳路径与路长；否则到步骤（2）继续执行。

依据表 6–4 的 ABC 算法路径寻优参数进行参数数值的选取与设置，依据前 3 步的步骤进行 Matlab 离线仿真程序设计。

表 6–4　基于 ABC 的路径寻优参数表

参数	对应数值
无障碍加权因子	0.2
有障碍加权因子	0.8
食物源数量	50
更新次数	50
最大循环次数	2000
开始坐标	（4,5）
终止坐标	（16,16）

6.3.3　基于 IABC 算法的路径规划设计

在 6.3.1 节中，构建导航地图之后，可以通过传统的 ABC 算法来搜索最佳路径，然而，传统 ABC 算法运用的策略是轮盘赌方式，该方式缺点是收敛速率慢和极可能出现局部最优。为了找到更好的行走路径，文中采取双向并行搜索策略和模拟退火相融合的方法来改进传统 ABC 算法。

6.3.3.1　IABC 算法的适应值规则

在前节的传统 ABC 的基础上进行改进算法，适应度函数沿用上节的对应函数，即改进人工蜂群（IABC）算法适应度函数为：

$$\text{fitness}_i = L = \mu_n c_n l + \mu_o c_o l \tag{6-6}$$

6.3.3.2　改进的邻域搜索策略

双向并行搜索策略改进 ABC 算法搜索规则的基本思想是在起始位置的搜索源 x_s 和终点位置的搜索源 x_e 同时开始搜索最优路径，如果两个搜索源的搜索路径有重合，则将两个搜索源的搜索路径作为寻优得到的路径。双向并行搜索策略执行路径选择时存在三种可能情况：

（1）两个搜索源没有重合路径，如图 6–11 所示，则路长最短的作为搜索路径。

（2）两个搜索源恰好相遇，如图 6–12 所示，则搜索路径为两个搜索源的共同搜索路径。

（3）两个搜索源存在重合路径，如图 6–13 所示，则搜索路径为重合路径和另一个搜索源的路径。

改进的邻域搜索规则具体实现是：(x_1, y_1) 代表从起始位置 $(x\_\text{start}, y\_\text{start})$ 开

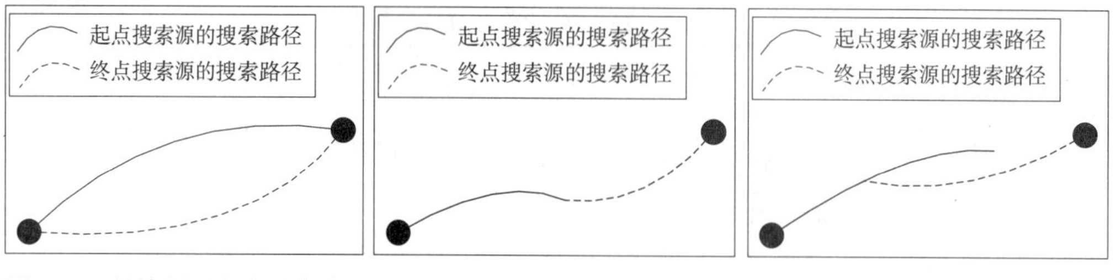

图 6-11 搜索源不存在重合路径　图 6-12 搜索源恰好相遇　图 6-13 搜索源存在重合路径

始和 (x_2, y_2) 代表从终止位置 (x_end, y_end) 开始进行双向路径搜索，它们的路径步数分别用 now_count_1 和 now_count_2 表示，并执行 3 种判断选择：在 $x_1 < x\_end$，$y_1 < y\_end$ 且 $x_2 > x\_start$，$y_2 > y\_start$ 时，若 $x_1 = x_2$，$y_1 = y_2$ 时所对应的步数 $now\_count_1 = now\_count_2$，两者恰好相遇，把两个路径合并成一个路径集作为最短路径，若 $x_1 = x_2$，$y_1 = y_2$ 时所对应的步数 $now\_count_1' \in (0, now\_count_1)$ 且 $now\_count_1' \neq now\_count_2$，即存在重合路径，记录对应路径集作为最短路径；在 $x_1 = x\_end$，$y_1 = y\_end$ 且 $x_2 = x\_start$，$y_2 = y\_start$ 时，即无重合路径，分别记录为两个路径集。

6.3.3.3 改进的蜜源（路径集）选择规则

（1）模拟退火（SA）算法：是从固体退火理论演变而来，最初被使用在组合优化方向，是迭代求解策略中的一类随机搜索方法。算法根据温度逐步下降原理，从较高温开始，使温度以一定的参数下降，并根据式（6-7）所示的概率公式决定最优解的选取。

$$P_0 = e^{-\frac{\Delta E}{kT}} \tag{6-7}$$

式中，P_0 是每次选取最优解的概率，ΔE 是能量的变化量，k 属于 $0 \sim 1$ 的参数，依 $T(t) = \sigma T(t-1)$（$\sigma \in [0.9, 1)$），T 是上一时刻衰减后的当前温度值。

（2）模拟退火来更新食物源：依据图 6-14 的流程可知，通过 SA 算法来更新食物源的步骤如下：

①初始化温度值 T。

②在每一代更新路径食物源时，计算新食物源和原食物源对应的适应值分别为 $fitness_{new}$ 和 $fitness_{old}$，如果 $fitness_{new} - fitness_{old} \leqslant 0$，则不做任何处理地接受新解，否则计算 $\Delta fitness = fitness_{new} - fitness_{old}$。

（3）以概率 $P = e^{-\frac{\Delta \text{fitness}}{kT}}$ 决定是否要替换当前食物源，随机生成一个在 [0,1] 区间均匀分布的伪随机数为 r 且 $r \in [0,1]$，如果 $P \geq r$ 则接受新的食物源；否则放弃新解。

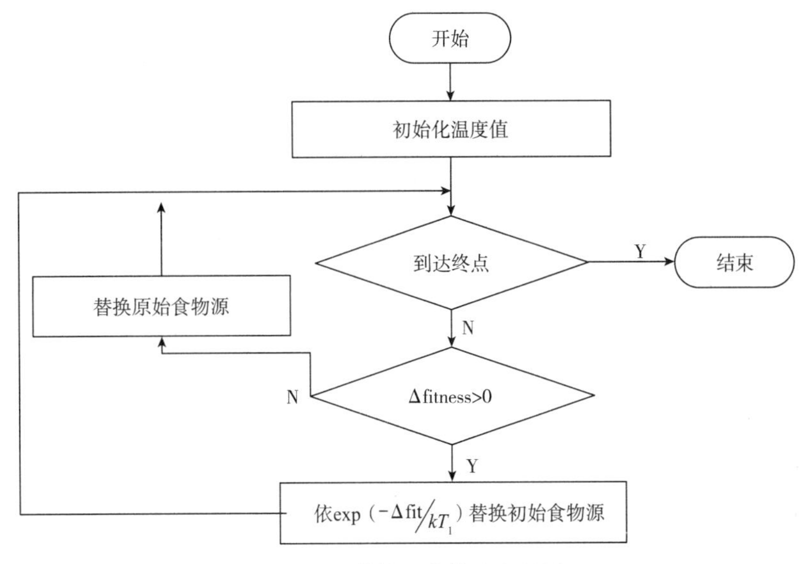

图 6-14　模拟退火算法流程图

6.3.3.4　IABC 算法路径规划设计

当蜜蜂在前一次开采的食物源周围寻找新源时，采用双向并行搜索策略，起点位置蜜蜂和终点位置蜜蜂分别随机在原有路径中找任意一个位置，然后从该位置起再重新寻找新的路径，如图 6-15 所示。若是新蜜源的适应值比原有值大时，则引入模拟退火算法来决定是否要用新蜜源代替原有蜜源。依据表 6-5 的 IABC 算法路径寻优参数进行参数数值的选取与设置，及 IABC 算法路径寻优的具体流程（图 6-16）进行 Matlab 离线仿真程序设计。

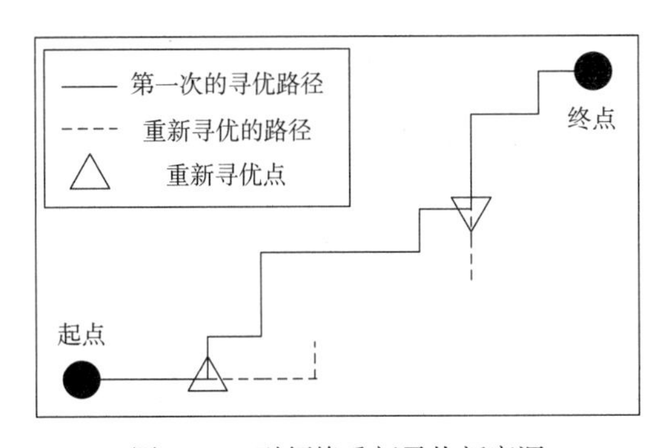

图 6-15　引领蜂重新寻找新蜜源

表 6–5 基于 IABC 的路径寻优参数表

参数	对应数值
无障碍加权因子	0.2
有障碍加权因子	0.8
开始坐标	（4, 5）
终止坐标	（16, 16）
最大循环次数	2000
食物源数量	50
更新次数	50
初始温度值	10
衰减系数	0.8
退火参数	1.0

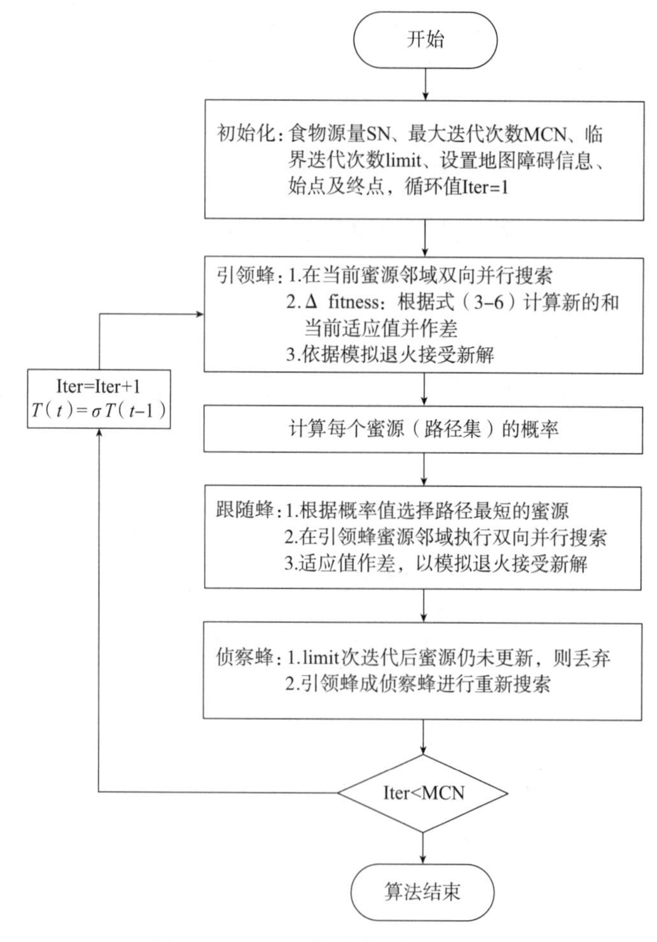

图 6–16 IABC 算法路径规划流程图

6.4　路径规划结果分析及实验验证

6.4.1　路径规划结果分析

根据图 6-9 建立的环境地图寻找最优路径。经过计算两个障碍物各约占 9 个栅格大小，蜂群进行寻优迭代 MSN 为 2000 代，共有 50 个食物源（从起始点到终止点和从终点到起始点的食物源分别为 25 个）能被选取，更新次数 limit 为 50，无障碍的加权因子 $\mu_n = 0.2$，有障碍的加权因子 $\mu_o = 0.8$，起始点坐标为 $(4,5)$，终止点坐标为 $(16,16)$；SA 的初始温度值 $T = 10$，退后参数 $k = 1.0$，衰减系数 $\sigma=0.8$。

在仿真实验中分别对 ABC 算法和 IABC 算法进行 8 次寻优，ABC 的路径结果是 1 次 16 步、1 次 17 步、3 次 18 步、1 次 19 步及 1 次 21 步；IABC 的路径结果是 2 次 13 步、3 次 14 步、1 次 15 步及 2 次 16 步。由此可得到表 6-6 的数据参值，ABC 和 IABC 路径寻优的最大路径为 21 步和 16 步，最小路径为 16 步和 13 步，平均路径为 18 步和 14 步，这表明 IABC 算法的稳定性更高。选取寻优结果中的最小步数所对应的收敛度较低的值，得到图 6-17 的适应度变化曲线图和图 6-18 的最佳对应路径。从图 6-17 可知 ABC 算法和 IABC 算法的分别在 400 代和 266 代收敛，而且 IABC 算法最终收敛的适应度值较传统算法小，这表明 IABC 算法的寻优能力更强；从图 6-18 中的（a）和（b）能够知道，传统的 ABC 的最优路径解是 16 步，而 IABC 寻找的最优路径解为 13 步。因此改进的人工蜂群算法不仅能更快地找到最优路径，而且最优路径值更小，同时具有更快的收敛速度。

表 6-6　ABC 与 IABC 的路径寻优结果

参数	ABC 算法	IABC 算法
寻优次数	8	8
最小路径	16	13
最大路径	21	16
平均路径	18	14
收敛速度	400	266

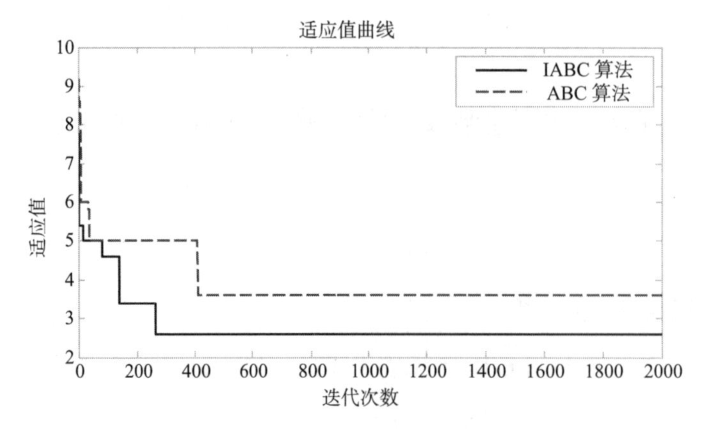

图 6-17　适应值变化曲线图

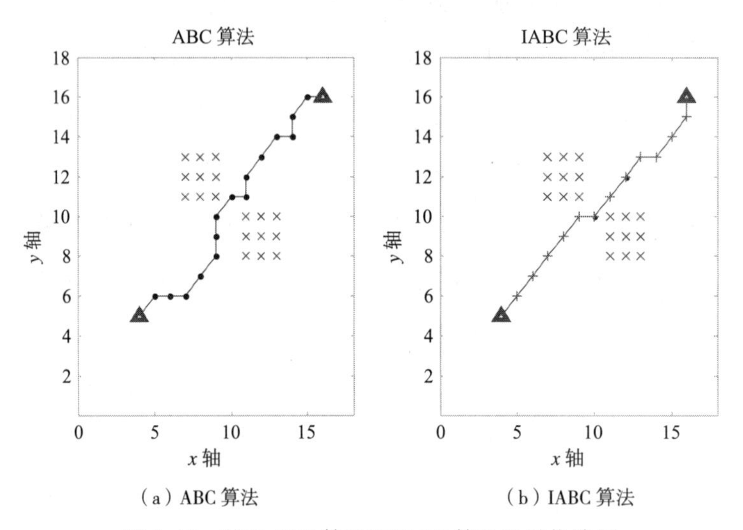

（a）ABC 算法　　（b）IABC 算法

图 6-18　基于 ABC 算法和 IABC 算法的最优路径

6.4.2　路径规划实验验证

以图 6-2、图 6-9 和图 6-17（b）为基础，将离线 IABC 算法路径寻优的结果导入到 NAO 机器人中，进行在线实验验证。具体步骤为：NAO 机器人的步长设置为 0.04m，NAO 机器人起走点相对于原点的坐标为（0.64m，0.80m），到达（2.56m，2.56m）位置停止行走，然后 NAO 机器人将根据图 6-16（b）中得到的路径结果和表 6-7 来设定 NAO 机器人的路径行走；接着以之前的终止点坐标作为起始点坐标，起始点坐标作为终止点坐标来再次按照图 6-17（b）和表 6-7 来设定 NAO 的行走路径，得到验证的对比结果如图 6-19 所示。

表 6-7　NAO 机器人路径设置

网格坐标	实际路径坐标（m）	路线设置
（4，5）	（0.64，0.80）	沿右上 45° 方向走 1.131m
（9，10）	（1.44，1.60）	右转 45° 方向走 0.16m
（10，10）	（1.60，1.60）	左转 45° 方向走 0.679m
（13，13）	（2.08，2.08）	右转 45° 方向走 0.16m
（14，13）	（2.24，2.08）	左转 45° 方向走 0.32m
（16，15）	（2.56，2.40）	左转 45° 方向走 0.16m
（16，16）	（2.56，2.56）	到达终点路标

从图 6-19 能够看出，因为 IABC 算法路径寻优仿真中的最优设定线路没有遇到障碍物，因此按照设定路径，NAO 在本实验平台上行走不会碰到障碍物；当 NAO 走到坐标为（2.56m，2.56m）位置时，停止行走。但是，由于 NAO 脚的底部和地板的材质问题，脚底部会与地面之间的摩擦力不够，以及偏转角度准确度的问题，使得 NAO 在行走中产生一定的偏移量，因此最佳路径行走的实际效果会和理想状况下的结果有所出入，但是都是在误差允许的范围内。由此可知，NAO 可以在避开障碍物的同时实现路径最优任务。

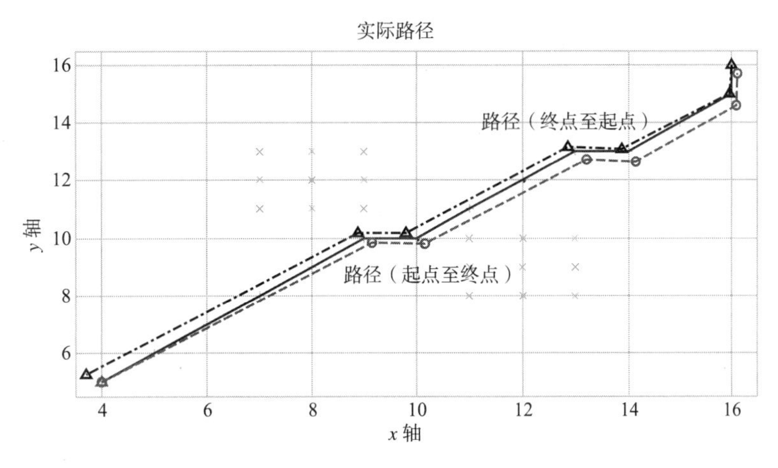

图 6-19　寻到的最优路径验证结果

6.5　本章小结

本章根据 SLAM 理论、Q-Learning 学习算法和 K-means 算法来构建避障前提下的环境导航地图，NAO 机器人通过声呐传感器检测环境信息，编写相应的 C++ 程序，用于 NAO 机器人实现在未知环境中行走，最后进行调试与实验。引入 SA 算法和双向并行搜索策略规则来对传统 ABC 改进；本文中 IABC 算法具备更好的收敛速率及更好的解决方案；在构建好的离线导航地图中，运用 IABC 算法对 NAO 实现离线的路径寻优。本实验结果表明，机器人可以在躲避障碍下建立环境地图，并通过改进的人工蜂群算法更好更快地在地图上找到最佳路径。

第 7 章　手臂抓取控制仿真和实验

第 4 章已经对 NAO 机器人手臂进行了运动学分析，对手臂的正逆运动学方程进行了求解。本章继续对 NAO 机器人手臂进行仿真，然后对右臂的正逆运动学求解进行验证分析，在仿真平台上采用 MonteCarlo 方法[73]求解手臂的工作空间，再通过正逆运动学得到坐标与机器人关节之间的关系，分别对手臂进行位置插补和姿态插补，最终得到手臂的运动轨迹规划。采用 Matlab 和 Python 联合编程的方式对 NAO 机器人手臂进行轨迹运动实验，最终对物体小球进行成功抓取。

第 6 章介绍了获取到目标小球与 NAO 机器人的位置关系的方法，并且通过步态分析使 NAO 机器人行走至目标附近。本章对机器人手臂进行分析研究，控制其右臂对目标小球进行抓取操作，也就是对机器人手臂进行轨迹规划，得到手臂各关节角度变化值，最终使手臂平稳移动到目标位置。小球抓取的具体研究过程如图 7-1 所示。

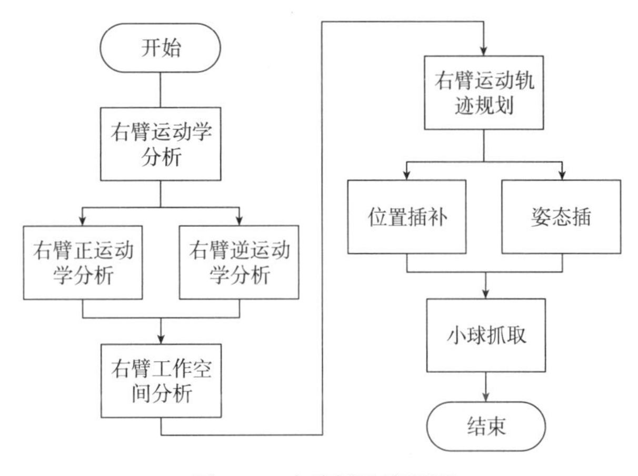

图 7-1　小球抓取流程图

7.1 NAO 机器人手臂仿真

本书使用 Robotics Toolbox 9.10 工具箱进行 NAO 机器人手臂仿真，并利用 MATLAB R2019a 进行软件调试。根据表 2-1 手臂 D-H 参数，将各个参数分别代入 Revolute（ ）函数中，NAO 机器人手臂总共 5 个关节角度，使用 Right（1）~ Right（5）来表示，建立 NAO 机器人手臂仿真模型代码如下：

```
%% 创建机械臂
L = 0.098;
H = 0.1;
d3 = 0.09;
d5 = 0.10855;
% 右臂
Right（1） = Revolute（'d', 0, 'a', 0, 'alpha', pi/2, 'qlim', [deg2rad（-119.5）, deg2rad（119.5）]）;
Right（2） = Revolute（'d', 0, 'a', 0, 'alpha', -pi/2, 'offset', -pi/2, 'qlim' [deg2rad（-76）, deg2rad（18）]）;
Right（3） = Revolute（'d', d3, 'a', 0, 'alpha' pi/2, 'qlim', [deg2rad（-119.5）, deg2rad（119.5）]）;
Right（4） = Revolute（'d', 0, 'a', 0, 'alpha', -pi/2, 'qlim', [deg2rad（2）, deg2rad（88.5）]）;
Right（5） = Revolute（'d', d5, 'a', 0, 'alpha', pi/2, 'offset', -pi/2, 'qlim' [deg2rad（-104.5）, deg2rad（104.5）]）;
Right_arm = SerialLink（Right, 'name', 'R'）;
Right_arm.base = transl（0, -L, H）*rpy2tr（-pi/2, 0, 0）;
Right_arm.teach = （[0 0 0 0 0]）; hold on
```

通过 teach（ ）函数生成手臂仿真图，手臂初始位置如图 7-2 的仿真图所示。从图中可以看出，手臂起始位置的三维坐标为（0.199，-0.098，0.1），起始角度 q1 ~ q5 各关节角度都为 0，与机器人起始参数一致。

如图 7-3 所示，通过函数 display（ ）可以得到手臂仿真 D-H 参数表，可以看出，手臂仿真 D-H 参数表与 NAO 机器人右臂 D-H 参数表一致。

对手臂仿真结果验证之后，接下来通过给定两组角度值，验证 NAO 机器人右臂正运动学求解的方程。给出两组关节角度进行验证，第一组关节角度为［0 0 0 0 0］，第二组关节角度为［pi/3 -pi/6 pi/3 pi/4 -pi/4］。

手臂仿真实验第一组角度都为 0，对应 NAO 机器人姿势库中 StandZero 的初始姿态，手臂展开与身体呈 90° ，仿真结果与 NAO 机器人手臂的初始零姿态一样。第二组则为给定的关节角度时，手臂的位置如图 7-4 所示。

将给出的两组关节角度带入正运动学方程进行验证，代入公式（4-34）得到两组

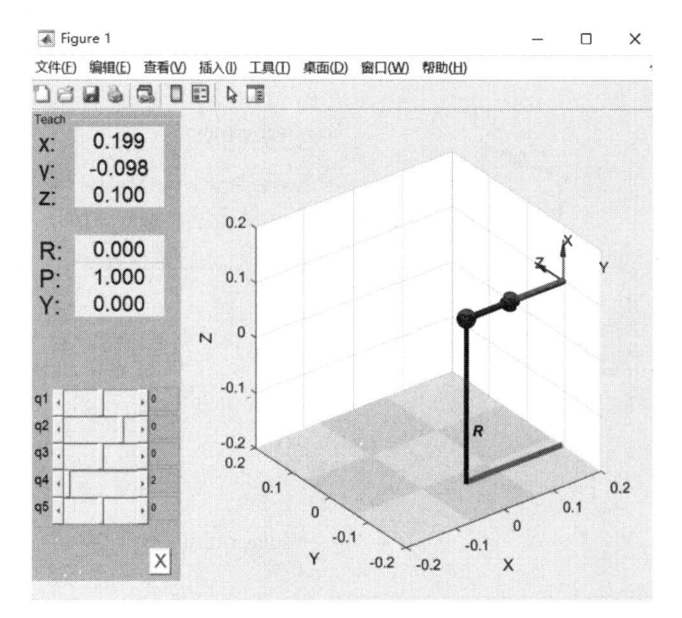

图 7-2　手臂起始位置仿真图

```
>> Right_arm.display ( )
Right_arm =
R ( 5 axis, RRRR, stdDH, fastRNE )
```

j	theta	d	a	alpha	offset
1	q1	0	0	1.571	0
2	q2	0	0	-1.571	-1.571
3	q3	0.09	0	1.571	0
4	q4	0	0	-1.571	0
5	q5	0.1085	0	1.571	-1.571

图 7-3　手臂仿真 D-H 参数表

位姿矩阵，如公式（7-1）和公式（7-2），根据正运动学求得的位姿矩阵和仿真结果一样，计算得到的计算结果如下：

$$\boldsymbol{T}_1=\begin{bmatrix}0 & 1 & 0 & 0.1986\\ 0 & 0 & 1 & -0.098\\ 1 & 0 & 0 & 0.1\\ 0 & 0 & 0 & 1\end{bmatrix} \tag{7-1}$$

$$\boldsymbol{T}_2=\begin{bmatrix}0.3741 & 0.9249 & 0.0679 & 0.1394\\ -0.0638 & -0.0474 & 0.9968 & -0.1481\\ 0.9252 & -3.772 & 0.0413 & -0.0084\\ 0 & 0 & 0 & 1\end{bmatrix} \tag{7-2}$$

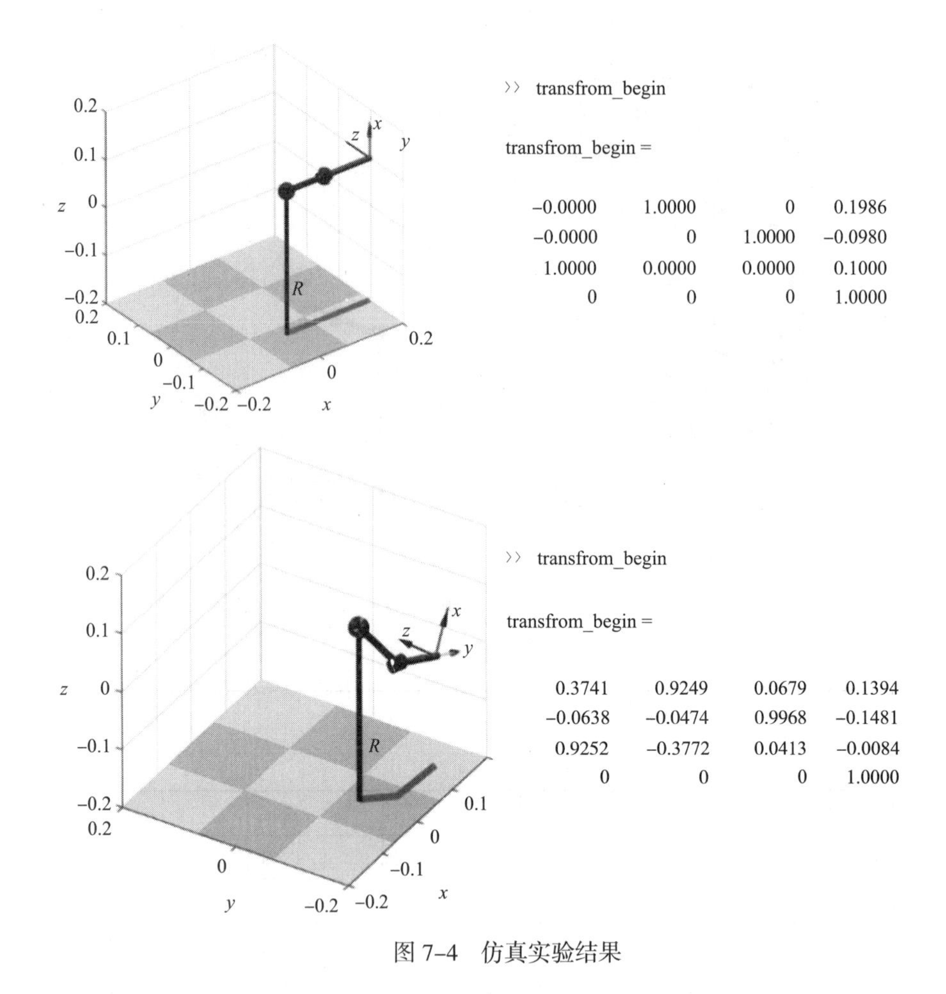

图 7-4　仿真实验结果

7.2　NAO 机器人手臂工作空间分析

手臂工作空间分析是机器人研究的基础工作，也是不可缺少的一个工作，其主要作用是为了求解机械臂工作的区域范围，使得机器人能够正常工作。

求解机器人工作空间目前常用方法：几何法、解析法和数值法[74]。本文采用数值法中的 MonteCarlo 法，通过产生大量随机数的方法求解工作空间。

具体步骤：通过生成关节变量的随机数 θ_i（其中 θ_i^{max} 和 θ_i^{min} 分别关节转动范围的最大值与最小值），将关节变量 θ_i 代入正运动学方程中，从而得到末端执行器的随机位姿矩阵，通过位姿矩阵也可以得到右臂末端执行器位置（Px，Py，Pz）。

然后利用 MATLAB 中随机数函数生成关节角度变量的随机数 θ_i，设置样本容量 N=20000，即手臂末端 20000 个随机位姿，如公式（7-3）所示：

$$\theta_i = \theta_i^{\min} + [\theta_i^{\max} - \theta_i^{\min} * \mathrm{Rand}()] \tag{7-3}$$

式中，$\theta_i^{\max}$ 和 $\theta_i^{\min}$ 分别关节转动的最大角度与最小角度。

MATLAB 手臂工作空间求解仿真程序如下：

```
% 状态空间分析
% 参数：终止位置的xyz坐标
% 返回值：返回终止位置的关节角度
function theta=WorkSpaceAnalyse（Transfrom）
N=20000;                          % 随机次数
theta1=-119.5/180*pi+（119.5/180*pi+119.5/180*pi）*rand（N, 1）; %关节1限制
theta2=-76/180*pi+（18/180*pi+76/180*pi）*rand（N, 1）;        %关节2限制
theta3=-119.5/180*pi+（119.5/180*pi+119.5/180*pi）*rand（N, 1）;    %关节3限制
theta4=2/180*pi+（88.5/180*pi+2/180*pi）*rand（N, 1）;      %关节4限制
theta5=-104.5/180*pi+（104.5/180*pi+104.5/180*pi）*rand（N, 1）;  %关节5限制
modmyt06 = {1， N};
for  n=1:1:N
    modmyt06{n}=robot_xyz_Right（[thetal（n）, theta2（n）,theta3（n）,theta4（n）, theta5（n）]）;
end
```

设置样本容量 N=20000，NAO 机器人右臂工作空间的三维空间 *XOZ* 面、*YOZ* 面、*XOY* 面的点图如图 7-5 所示。

如图 7-5 所示，通过仿真程序，可以得到机器人手臂在工作空间内的位姿矩阵。根据给定目标坐标与位姿矩阵中坐标相等，就可以得到目标坐标下对应的手臂各关节角度值。具体仿真过程如下：

```
while true
  theta= [ ];
  for i=1：1：N
    ret = roundn（modmyt06{i}，-2）;
    if Transfrom（1）==ret（1,4）&& Transfrom（2）==ret（2,4）&& Transfrom（3）
==ret（3，4）
      matrix1=modmyt06{i};
      theta =[ thetal（i），theta2（i），theta3（i），theta4（i），theta5（i）];
      break
    end
```

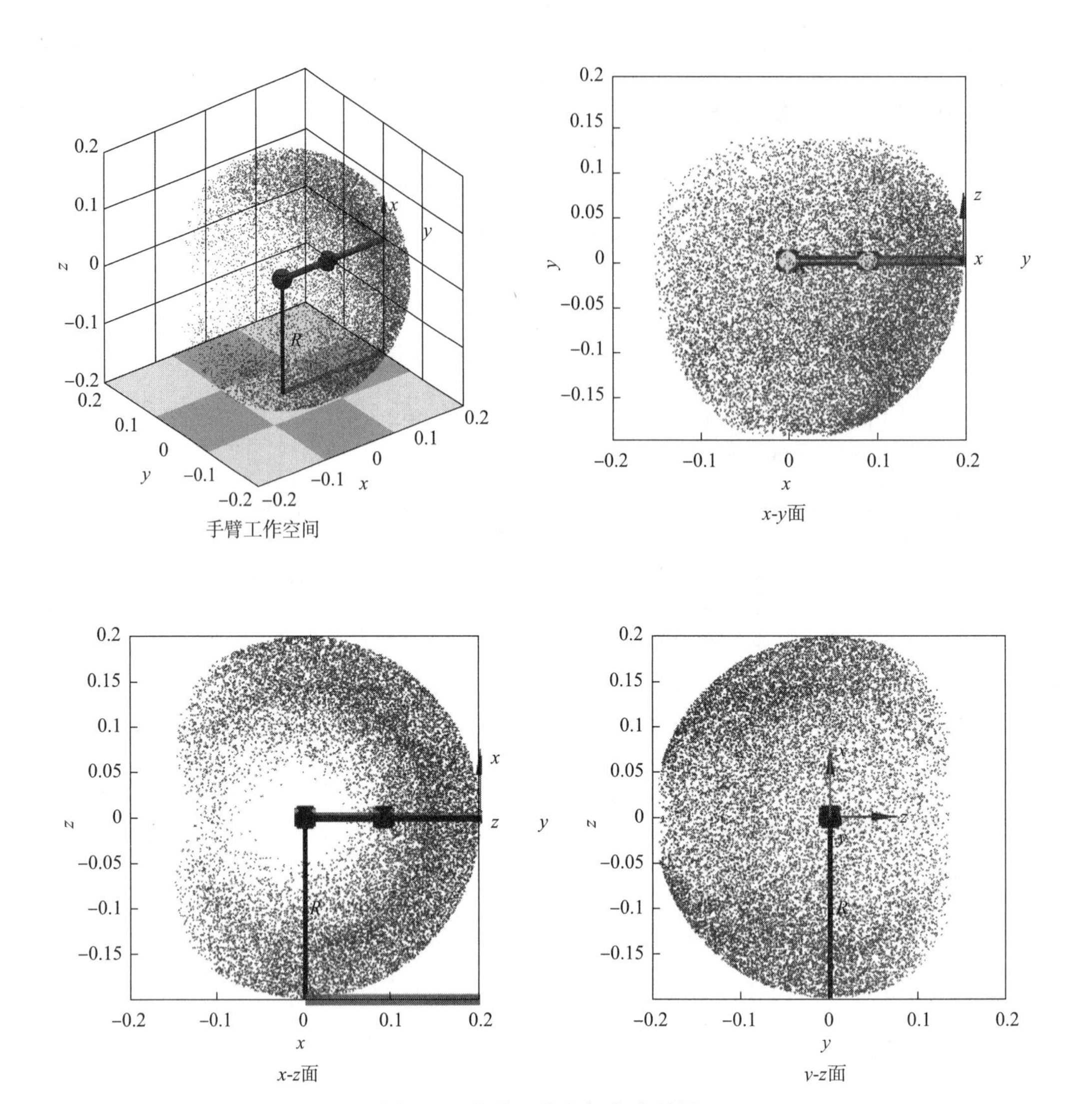

图 7-5　右臂工作空间仿真结果

```
    end
    if length ( theta ) ==5
        break
    end
end
```

7.3　NAO 机器人右臂运动轨迹规划

机器人轨迹规划是给定任务要求，规划手臂的运动轨迹按指定的路径运动，也是机械臂研究中非常重要的内容。机器人手臂轨迹规划分为位置和姿态两部分进行，在轨迹规划过程中，首先需要对起止点的位姿进行规划，得到预期的规划位姿，然后通过逆运动学方程求解出各个关节的角度。在本文中主要采用加速－匀速－减速方法和四元数法对 NAO 机器人右臂进行位姿规划。

7.3.1　直线路径插补

手臂末端执行器从起止点到终止点的路径为直线路径，因此对起止点之间的直线路径进行插补。

设手臂直线路径工作空间起止点的位置坐标为：

$A=(x_a, y_a, z_a)$， $B=(x_b, y_b, z_b)$。

起止点距离 $L=\sqrt{(x_b-x_a)^2+(y_b-y_a)^2+(z_b-z_a)^2}$ ，则在线段 AB 上插值点 P_i 可以表示为 $P_i=P_a+(P_b-P_a)S(t)/L,\ t\in[0, T]$ ，插值点坐标分别为：

$$\begin{cases} x_i=x_a+\dfrac{S(t)(x_b-x_a)}{L} \\ y_i=y_a+\dfrac{S(t)(y_b-y_a)}{L} \\ z_i=z_a+\dfrac{S(t)(z_b-z_a)}{L} \end{cases} \tag{7-4}$$

其位移、速度、加速度插补曲线如图 7–6 所示，手臂能够在起止点速度和加速度都为 0，保证了机器人手臂运动过程的平稳。

将加速－匀速－减速轨迹中的 $S(t)$ 代入 x_i 得到手臂在空间中直线运动轨迹，如图 7–7 所示，从图中的轨迹点可以看出直线两端点密集，中间部分均匀分布，由此可以达到加速－匀速－减速的效果。

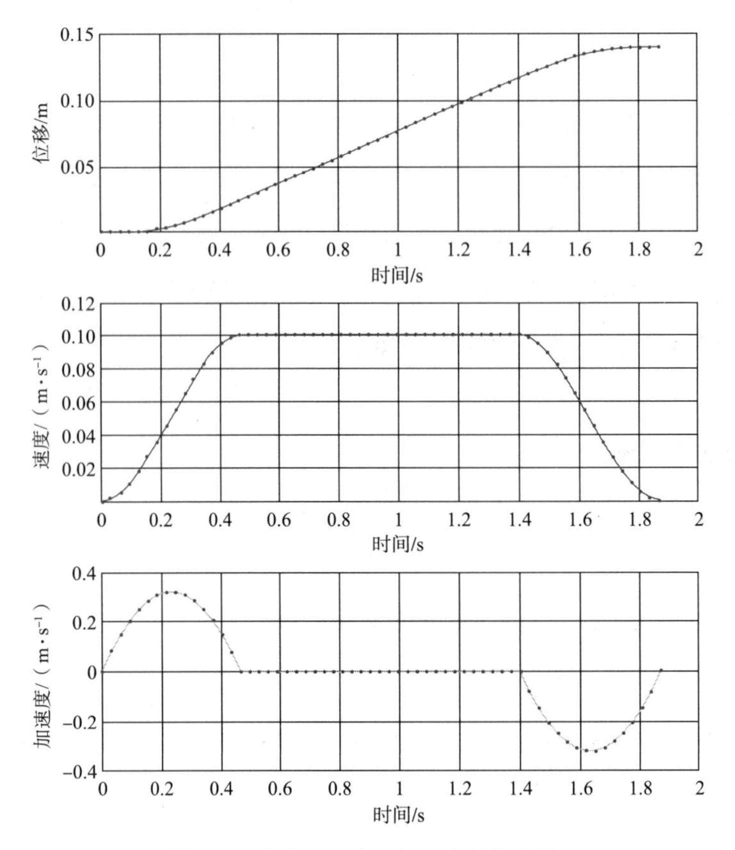

图 7-6　位移、速度、加速度插补曲线

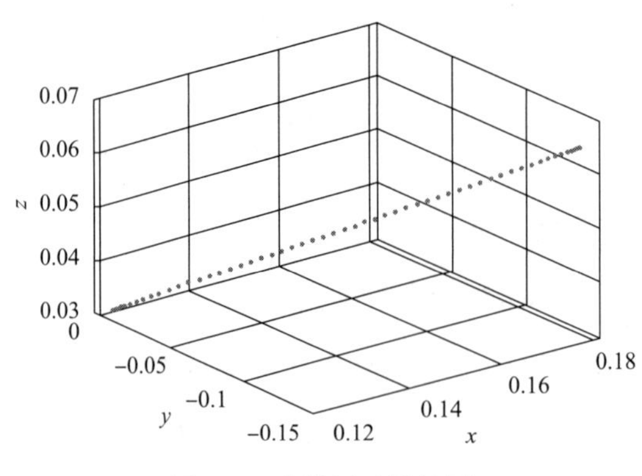

图 7-7　直线运动插补图

7.3.2　位置插补

由于匀速轨迹规划方法中机器人手臂在起止点处存在加速度太大的问题，因此本文采用加速－匀速－减速方法轨迹规划方法。四次多项式插值法得到轨迹曲线能够保证一条光滑的抛物线，由抛物线的性质可知，在曲线起始点和终止点位置时，手臂运动的加速度和速度为 0，并且也能够与中间匀速的轨迹曲线平滑衔接。因此轨迹规划方法在加速阶段和减速阶段采用四次多项式插值法进行轨迹规划。

手臂末端位移、速度和加速度函数为 $S(t)$、$V(t)$、$A(t)$，起止点距离为 L，匀速阶段速度为 V_m，三个阶段时间间隔为 $t \in [0, T/4, 3T/4, T]$，运动周期为 $T = 4L/3V_m$。

加速阶段 $t \in [0, T/4]$，$S_1(t)$、$V_1(t)$、$A_1(t)$ 为：

$$\begin{cases} S_1(t) = -\dfrac{V_m}{2t_1^3}t^4 + \dfrac{V_m}{t_1^2}t^3 \\ V_1(t) = -\dfrac{2V_m}{t_1^3}t^3 + \dfrac{3V_m}{t_1^2}t^2 \\ A_1(t) = -\dfrac{6V_m}{t_1^3}t^2 + \dfrac{6V_m}{t_1^2}t \end{cases} \tag{7-5}$$

匀速阶段 $t \in [T/4, 3T/4]$，$S_2(t)$、$V_2(t)$、$A_2(t)$ 为：

$$\begin{cases} S_2(t) = V_m t - V_m t_1/2 \\ V_2(t) = V_m \\ A_2(t) = 0 \end{cases} \tag{7-6}$$

减速阶段 $t \in [3T/4, T]$，$S_3(t)$、$V_3(t)$、$A_3(t)$ 为：

$$\begin{cases} S_3(t) = b_4 t^4 + b_3 t^3 + b_2 t^2 + b_1 t + b_0 \\ V_3(t) = 4b_4 t^3 + 3b_3 t^2 + 2b_2 t + b_1 \\ A_3(t) = 12b_4 t^2 + 6b_3 t + 2b_2 \end{cases} \tag{7-7}$$

7.3.3　姿态插补

已经对手臂轨迹规划进行位置插补，接下来进行姿态插补，在轨迹规划中姿态插补也同样影响着手臂运动整个过程的平稳。

对机械臂姿态求解有欧拉法和四元数法 [75]，但欧拉法存在奇异性和角速度耦合等问题 [76]。因此采用四元数法对 NAO 机器人手臂姿态进行插补。

四元数 q_t 与手臂末端姿态矩阵 $\boldsymbol{R}$ 关系如公式（7–8），式中，$\boldsymbol{I}$ 为单位矩阵，$\boldsymbol{\omega}$ 为反对称矩阵。

$$\begin{cases} q_t=[q_0,q_1,q_2,q_3]=[q_0,q_x] \\ \boldsymbol{R}=\boldsymbol{I}+2q_0\omega+2\omega^2 \end{cases} \tag{7-8}$$

q_t 的四个元素分别为：

$$\begin{cases} q_0=\dfrac{\sqrt{1+r_{11}+r_{22}+r_{33}}}{2} \\ q_1=\dfrac{r_{32}-r_{23}}{4q_0} \\ q_2=\dfrac{r_{13}-r_{31}}{4q_0} \\ q_3=\dfrac{r_{21}-r_{21}}{4q_0} \end{cases} \tag{7-9}$$

为了进行姿态插补，需要将起始点旋转矩阵 $\boldsymbol{R}_b$ 和终止点的旋转矩阵 $\boldsymbol{R}_f$ 转化为四元数，并求得姿态转角 θ。

$$\begin{cases} q_b=[b_0,b_1,b_2,b_3] \\ q_f=[f_0,f_1,f_2,f_3] \\ \theta=\arccos(q_b\cdot q_f) \end{cases} \tag{7-10}$$

机械臂从起始点到终止点的时间周期为 T，在周期中某一时刻 t 的旋转矩阵由四元数 q_t 表示为：

$$q_t=xq_b+yq_f \tag{7-11}$$

式中，x，y 为实数，起始点四元数 q_b 与 t 时刻的四元数 q_t 之间的姿态转角为 $t\theta/T$，t 时刻的四元数 q_t 与终止点四元数 q_f 之间的姿态转角为 $(1-t/T)\theta$。

公式（7–8）两边同乘 q_t 和 q_b 可得：

$$\begin{cases} 1=x\cos\left(\dfrac{t}{T}\theta\right)+y\cos\left[\left(1-\dfrac{t}{T}\right)\theta\right] \\ \cos\left(\dfrac{t}{T}\theta\right)=x+y\cos\theta \end{cases} \tag{7-12}$$

因此四元数姿态插补矩阵为：

$$q_t=\frac{q_b\sin\left[\left(1-\dfrac{t}{T}\right)\theta\right]}{\sin\theta}+\frac{q_f\sin\left(\dfrac{t}{T}\theta\right)}{\sin\theta} \tag{7-13}$$

通过位置插补可以得到手臂位姿矩阵中的位移矩阵 $\boldsymbol{P}$，通过姿态插补可以得到手臂位姿矩阵中的旋转矩阵 $\boldsymbol{R}$，将位移矩阵 $\boldsymbol{P}$ 和旋转矩阵 $\boldsymbol{R}$ 合并，可以得到位姿插补矩阵 T。再对位姿插补矩阵进行逆运动学求解，就可以得到 NAO 机器人手臂运动过程中各关节变化角度值。

使用 MATLAB 对手臂轨迹规划进行仿真实验，取两个点坐标值作为手臂运动的起始点与终止点，如公式（7–14）所示：

$$\begin{cases} \text{xyz\_begin} = [0.1817,\ -0.1362,\ 0.0633] \\ \text{xyz\_fin} = [0.12,\ -0.01,\ 0.03] \end{cases} \tag{7-14}$$

将公式（7–14）坐标起始点与终止点轨迹规划的位姿插补矩阵带入逆运动学方程中，通过 Matlab 进行手臂运动仿真，得到 NAO 机器人手臂 5 个关节角度变化曲线。

手臂 5 个关节角度从起始点到终止点的变化曲线如图 7–8 所示，从图中关节变化曲线可以看出，通过位姿插补矩阵逆运动学求解得到的各关节角度变化曲线连续平滑，能够使得 NAO 机器人手臂从起始点到终止点平稳地运行。

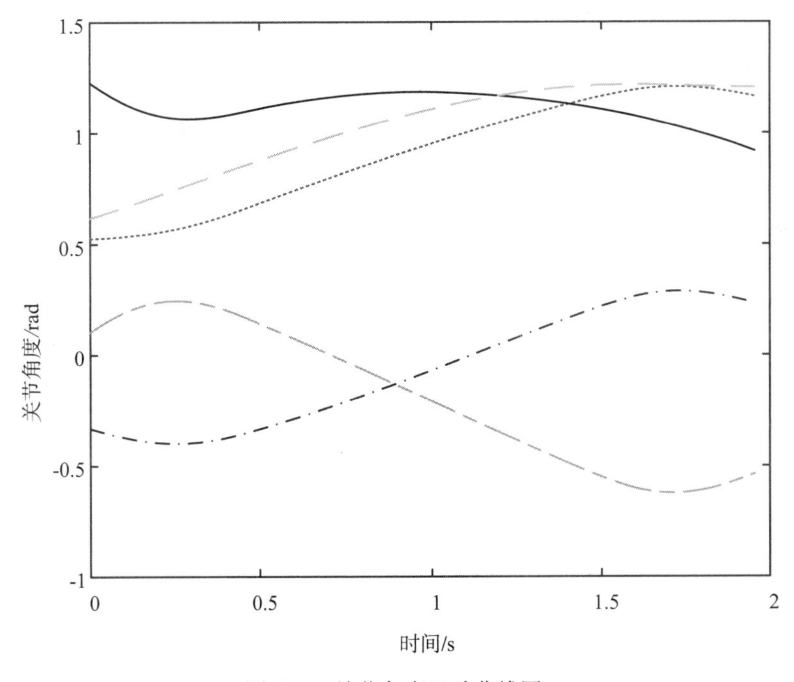

图 7–8　关节角度运动曲线图

7.4 抓取实验及分析

在对 NAO 机器人手臂实现了路径轨迹规划实验基础上，得到各关节角度运动变化值。为了让 NAO 机器人在抓取目标过程中不触碰到箱子，让手臂先抬臂与箱子同一水平面，然后再移动至目标坐标位置抓取目标。

由于 NAO 机器人系统 NAOqi 不支持 MATLAB 的 SDK，因此不能直接通过 MATLAB 将关节角度变化值传输给机器人，但在 Python 中可以调用 MATLAB 中的。mat 文件。因此采取在 MATLAB 中计算仿真得到轨迹规划数据，在 Python 中调用来控制机器人手臂，完成手臂抓取实验。

NAO 机器人手臂轨迹规划实验具体如下：

（1）起始点坐标设为与箱子高度一致的位置，将小球位置坐标和起始点位置坐标带入手臂工作空间得到对应的关节角度值，然后通过正运动学计算得到位姿矩阵 $\boldsymbol{T}_b$ 和 $\boldsymbol{T}_f$。

（2）对机器人手臂轨迹分别进行位置插补和姿态插补，得到位置插补矩阵$\boldsymbol{P}_i$和姿态插补矩阵$\boldsymbol{R}_i$。

（3）将位置插补矩阵 $\boldsymbol{P}_i$ 和姿态插补矩阵 $\boldsymbol{R}_i$ 合并得到直线轨迹的位姿矩阵 $\boldsymbol{T}_i$，然后对位姿矩阵 $\boldsymbol{T}_i$ 进行逆运动学求解，得到起始点到终止点的手臂各关节角度变化值，将其保存为 arm_angle.mat 文件，再通过 Python 调用最终控制手臂完成实验。

将小球放置在箱子上，进行实验，机器人手臂运动轨迹如图 7-9 所示，可以看出 NAO 机器人从起始点运动至小球位置，实现对小球的抓取。

（a）

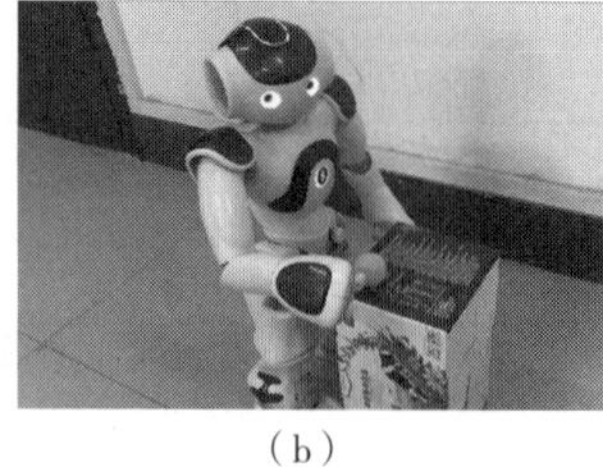

（b）

（c）

图 7-9　NAO 机器人抓取实验

7.5　本章小结

本章结合 NAO 机器人手臂正逆运动学求解、手臂工作空间分析以及轨迹规划搭建了 NAO 机器人的目标物体抓取系统，能够实现在 NAO 机器人手臂工作空间内的物体抓取。手臂起止点的姿态矩阵没有通过传统示教方法求得，而是通过工作空间带入的方法求得，大大节省了时间。对手臂采用加速 - 匀速 - 减速方法进行轨迹规划，使得手臂在运动过程中的起始点与终止点的速度和加速度都为 0，保证了手臂的平稳运行。采用直线路径位置插补结合四元数姿态插补的方法进行操作空间的轨迹规划。通过 MATLAB 和 Python 两个软件联合编程进行实验，最终手臂能够平稳地从起始点运动到终止点，实现对物体小球的抓取。

参考文献

[1] 雷斌，金彦彤，王致诚，等．仓储物流机器人技术现状与发展［J］. 现代制造工程，2021（12）: 143–153.

[2] 胡峰，刘媛，陆丽娜．基于机器人产业发展阶段的政策—技术路线图构建［J］. 中国科技论坛，2019（6）: 72–79.

[3] 杨扬，郑玄．机器人技术与图书馆服务创新的融合研究：进展、问题和前景［J］. 国家图书馆学刊，2021，30（6）: 78–87.

[4] 赵雅婷，赵韩，梁昌勇，等．养老服务机器人现状及其发展建议［J］. 机械工程学报，2019，55（23）: 13–24.

[5] 李宏洁，张艳，杜灿灿，等．积极老龄化理论的国内外研究进展［J］. 中国老年学杂志，2022，42（5）: 1222–1226.

[6] 李建伟，吉文桥，钱诚．我国人口深度老龄化与老年照护服务需求发展趋势［J］. 改革，2022（2）: 1–21.

[7] 卢佳伟，张秋菊，赵宏磊．助老服务机器人设计及仿人运动研究［J］. 工程设计学报，2020，27（2）: 269–278..

[8] 吕延晨．基于 NAO 机器人的不同示范条件下自闭症儿童的手势模仿研究［D］. 华东师范大学，2019.

[9] 黄海丰，刘培森，李擎，等．协作机器人智能控制与人机交互研究综述［J］. 工程科学学报，2022，44（4）: 780–791.

[10] Alexander F，Gerald S. The interplay of aldebaran and robocup［J］. KI–Ktinstliche Intelligenz，2016，30（3–4）: 325–326.

[11] 刘雪峰，陈晔，王元杰，等．基于 NAO 机器人的数字识别［J］. 现代电子技术，2020，43（14）: 173–176.

[12] 梁中一 . 基于 NAO 机器人的目标抓取技术研究 [D]. 长春工业大学，2021.

[13] 陈曦 . 基于 NAO 机器人的饮水机定位和水位识别 [J]. 电子技术，2020，49 (8)：20–25.

[14] Walaa G，Randa J B C. NAO humanoid robot obstacle avoidance using monocular camera [J]. Advances in Science Technology and Engineering Systems Journal，2020，5 (1)：274–284.

[15] 王中成，赵学增 . NAO 的单目视觉空间目标定位方法研究 [J]. 机械与电子，2015 (9)：63–67.

[16] Strom J，Slavov G，Chown E. Omnidirectional walking using ZMP and preview control for the NAO humanoid robot [C]. Robot Soccer World Cup. 2009，378–389.

[17] Alcaraz–Jim é nez J J，Herrero–Pérez D，Martínez–Barber á H. Robust feedback control of ZMP–based gait for the humanoid robot Nao [J]. The International Journal of Robotics Research，2013，32 (9–10)：1074–1088.

[18] Massah A，Sharifi A，Salehinia Y，et al. An open loop walking on different slopes for NAO humanoid robot [J]. Procedia Engineering，2012，41：296–304.

[19] Louloudi A，Mosallam A，Marturi N，et al. Integration of the humanoid robot Nao inside a smart home：A case study [C]. The Swedish AI Society Workshop，2010 (48)：35–44.

[20] M ü ller J，Frese U，Röfer T. Grab a mug–object detection and grasp motion planning with the Nao robot [C]. 2012 12th IEEE–RAS International Conference on Humanoid Robots (Humanoids 2012)，2012：349–356.

[21] Wal V D，Van C M. Object grasping with the NAO [D]. Groningen：University of Groningen，2012.

[22] Zhu T，Zhao Q，Wan W，et al. Robust regression–based motion perception for online imitation on humanoid robot [J]. International Journal of Social Robotics，2017，9 (5)：705–725.

[23] 马志远 . NAO 机器人的手臂建模及控制算法研究 [D]. 燕山大学，2015.

[24] 袁丽，田国会，李国栋 . NAO 机器人的视觉伺服物品抓取操作 [J]. 山东大学学报 (工学版)，2014，44 (3)：57–63.

[25] 刘天宇，陈晔，刘雪峰 . 基于 NAO 机器人的智能抓取技术 [J]. 电子设计工程，2021，29 (22)：184–188.

[26] 温淑慧，王同辉，薛红香，等 . NAO 机器人的手臂建模及模糊控制算法研究 [J]. 控制工程，2018，25 (4)：559–564.

[27] B. Gebler. Feed–forward control strategy for an industrial robot with elastic links and joints [C]. IEEE International Conference on Robotics and Automation. Proceedings IEEE Xplore，1987，4：923–928.

[28] 张铁民，刘又午．柔性机械臂振动的前馈控制 [J]. 机械科学与技术，1998（4）：630-632.

[29] M.O Tokhi. Hybrid learning control schemes with acceleration feedback of a flexible manipulator system [J]. Proceedings of the Institution of Mechanical Engineers — Part I, 2006, 220 (4): 257-267.

[30] M. Kino, T. Goden, T. Murakami. Reaction torque feedback based vibration control in multi-degrees of freedom motion system [M]. IEEE, 1998.

[31] M. Rossi, D. Wang, K. Zuo. Issues in the design of passive controllers for flexible-link robots [J]. International Journal of Robotics Research, 1997, 16 (4): 577-588.

[32] M. Bai, D.H Zhou, H. Schwarz. Adaptive augmented state feedback control for an experimental planar two-link flexible manipulator [J]. IEEE Transactions on Robotics & Automation, 1998, 14 (6): 940-950.

[33] 陈兆鲁，郑贺．基于 RBF 神经网络的机械手自适应控制研究 [J]. 建设机械技术与管理，2015（4）：84-87.

[34] 刘才山，王建明，宋世军．柔性机械臂的动力学模型及 PD 控制 [J]. 山东建筑大学学报，1997（2）：81-86.

[35] 姜静，曹松，李宏达．重力补偿的机械臂轨迹跟踪研究 [J]. 沈阳理工大学学报，2016，35（2）：5-9.

[36] J.J Slotine, S.S Sastry. Tracking control of non-linear systems using sliding surfaces with application to robot manipulators [C]. American Control Conference IEEE, 1983: 132-135.

[37] 宋崇生，陈江，柯翔敏．基于干扰观测器的柔性关节机械臂滑模控制 [J]. 计算机仿真，2016，33（10）：294-299.

[38] 胡小平，彭涛，左富勇．一种基于多项式和 Newton 插值法的机械手轨迹规划方法 [J]. 2012，23（24）：2946-2949.

[39] Lippiello V, Ruggiero F. 3D monocular robotic ball catching with an iterative trajectory estimation refinement [C]. IEEE International Conference on Robotics and Automation. 2012: 3950-3955.

[40] Zhang Z, He D J, Tang J L, et al. Picking robot arm trajectory planning method [J]. Sensors & Transducers, 2014, 162 (1): 11-20.

[41] 张伟胜，喻洪流，黄小海，等．一种新型四自由度的上肢康复机器人 [J]. 中国康复理论与实践，2019，25（10）：1202-1208.

[42] 唐建业，张建军，王晓慧．一种改进的机器人轨迹规划方法 [J]. 机械设计，2017，34（3）：31-35.

[43] 刘鹏飞，杨孟兴，宋科．'S' 型加减速曲线在机器人轨迹插补算法中的应用研究 [J]. 制造业

自动化，2012，34（10）：4-8.

[44] 刘毅，丛明，刘冬. 基于改进遗传算法与机器视觉的工业机器人猪腹剖切轨迹规划 [J]. 机器人，2017，39（3）：377-384.

[45] 乔正，栾楠，张诗雷. 基于四元数的手术机器人圆弧轨迹规划 [J]. 机械与电子，2014（3）：61-64.

[46] M. Algabri，H. Mathkour and H. Ramdane. Comparative study of soft computing techniques for mobile robot navigation in an unknown environment [J]. Computers in Human Behavior，2015，50（C）：42-56.

[47] 马千知，雷秀娟. 改进粒子群算法在机器人路径规划中的应用 [J]. 计算机工程与应用，2011，47（25）：241-244.

[48] S. Osswald，A. Hornung，M. Bennewitz. Learning reliable and efficient navigation with a humanoid [C]. IEEE International Conference on Robotics & Automation，2010，58：2375-2380.

[49] 鲁庆. 基于栅格法的移动机器人路径规划研究 [J]. 电脑与信息技术，2007，15（6）：24-27.

[50] 黄炳强，曹广益. 基于人工势场法的移动机器人路径规划研究 [J]. 计算机工程与应用，2006，42（27）：26-28.

[51] 杨淮清，肖兴贵，姚栋. 一种基于可视图法的机器人全局路径规划算法 [J]. 沈阳工业大学学报，2009，31（2）：225-229.

[52] 陈卫东，朱奇光. 基于模糊算法的移动机器人路径规划 [J]. 电子学报，2011，39（4）：971-974.

[53] R. Glasius，A. Komoda. Neural network dynamics for path planning and obstacle avoidance [J]. Neural Networks，1995，8（1）：125-133.

[54] S. Rastogi，V. Kumar and S. Rastogi. An approach based on genetic algorithms to solve the path planning problem of mobile robot in static environment [J]. MIT International Journal of Computer Science & Information Technology，2011，1（1）：32-35.

[55] M. Brand，M. Masuda and N. Wehner. Ant colony optimization algorithm for robot path planning [C]. International Conference on Computer Design & Applications，2010，3：436-440.

[56] 赵凯，李声晋，孙娟，等. 改进蚁群算法在移动机器人路径规划中的研究 [J]. 微型机与应用，2013，32（4）：67-70.

[57] 朱东伟，毛晓波，陈铁军. 基于改进粒子群三次 Bezier 曲线优化的路径规划 [J]. 计算机应用研究，2012，29（5）：1710-1712.

[58] R. Shakiba，M.R Najafipour，M.E Salehi. An improved PSO-based path planning algorithm for humanoid soccer playing robots [C]. Ai & Robotics and，5th RoboCup Iran Open International

Symposium, 2013, 823: 1-6.

[59] 郭晏，宋爱国，包加桐，等 . 基于差分进化支持向量机的移动机器人可通过度预测 [J]. 机器人，2011，33 (3)：257-264.

[60] 黎竹娟 . 人工蜂群算法在移动机器人路径规划中的应用 [J]. 计算机仿真，2012，29 (12)：247-250.

[61] 殷霞红，倪建军，吴榴迎 . 一种基于改进人工蜂群算法的机器人实时路径规划方法 [J]. 计算机与现代化，2015 (3)：1-4.

[62] S. Shamsuddin, L.I. Ismail, H. Yussof. Humanoid robot NAO: review of control and motion exploration [C], IEEE International Conference on Control System, Computing and Engineering, 2011: 511-516.

[63] 单忠宇 . NAO 机器人目标检测与跟踪应用研究 [D]. 河北大学，2021.

[64] 余晓兰，万云，陈靖照 . 基于双目视觉的机器人定位与导航算法 [J]. 江苏农业科学，2022，50 (6)：154-161.

[65] 王正家，解家月，柯黎明，等 . 一种结合彩色图像分割的图像匹配算法 [J]. 机械科学与技术，2020，39 (9)：1419-1425.

[66] 方东君，蒋林 . 基于深度相机的室内障碍物检测算法 [J]. 武汉科技大学学报，2022，45 (3)：213-222.

[67] 颜礼彬 . 基于独立分量分析和颜色特征的视频火焰图像分割法 [J]. 传感器与微系统，2022，41 (4)：149-152.

[68] 徐恒飞 . Robcup 标准平台下 NAO 机器人目标识别与定位研究 [D]. 安徽大学，2011.

[69] 李建森，项偲 . 基于随机采样的随机 Hough 变换快速圆检测算法 [J]. 科技创新与应用，2021，11 (29)：128-130.

[70] Canny J. A computational approach to edge detection [J]. IEEE Transactions on Pattern Analysis and Machine Intelligence, 1986 (6): 679-698.

[71] 彭冬旭 . 基于单目视觉的机器人定位算法研究 [D]. 安徽工业大学，2019.

[72] Aider O A, Hoppenot P, Colle E. A model-based method for indoor mobile robot localization using monocular vision and straight-line correspondences [J]. Robotics and Autonomous Systems, 2005, 52 (2-3): 229-246.

[73] Sun L Q, Li W P, Ma G H, et al. Study on ventilate-d cavity uncertainty of the vehicle under stochastic conditions based on the Monte Carlo method [J]. Ocean Engineering, 2021, 239: 109789.

[74] Yi C, Ke L, Xiu J L, et al. Accurate numerical methods for computing 2D and 3D robot workspace

[J]. International Journal of Advanced Robotic Systems, 2011, 8 (6): 115-125.

[75] 黄水华，江沛，韦巍，等 . 基于四元数的机械手姿态定向控制 [J]. 浙江大学学报（工学版），2016，50（1）：173-179+192.

[76] 闫鑫，马丽萍，王晓华，等 . 基于倍四元数的缝纫机器人运动学分析 [J]. 机械传动，2020，44（10）：68-73.